Succulents Simplified

多肉女王的花园

多肉养护及设计精要事典

〔美〕德布拉·李·鲍德温　著

何　浈　译

河南科学技术出版社

·郑州·

图书在版编目（CIP）数据

多肉女王的花园：多肉养护及设计精要事典 /（美）德布拉·李·鲍德温著；何洑译. —郑州：河南科学技术出版社, 2017.4
ISBN 978-7-5349-8521-8

Ⅰ.①多… Ⅱ.①德… ②何… Ⅲ.①多浆植物-观赏园艺 Ⅳ.①S682.33

中国版本图书馆CIP数据核字（2016）第311095号

出版发行：河南科学技术出版社
地址：郑州市经五路 66 号　　邮编：450002
电话：(0371)65737028　　65788633
网址：www.hnstp.cn
策划编辑：李迎辉
责任编辑：姚翔宇
责任校对：张小玲
封面设计：张　伟
责任印制：张艳芳
印　　刷：北京盛通印刷股份有限公司
经　　销：全国新华书店
幅面尺寸：203 mm × 222 mm　　印张：13.5　　字数：330 千字
版　　次：2017 年 4 月第 1 版　　2017 年 4 月第 1 次印刷
定　　价：78.00 元

献给桑迪、丹尼丝和帕蒂

目录

鸣谢

为着他们的慷慨、时间及专业经验，我衷心感谢肯·奥尔特曼（Ken Altman）及加利福尼亚州威斯塔市（Vista，CA）“奥尔特曼植物”（Altman Plants）的员工，园艺师帕特里克·安德森（Patrick Anderson），“多肉植物栖息地”（The Succulent Perch）的多肉植物及花卉设计师辛迪·戴维森（Cindy Davison），以及加利福尼亚州卡斯特罗维尔市（Castroville，CA）“多肉植物花园”（Succulent Gardens）的罗宾·斯托克韦尔（Robin Stockwell）。

在贡献照片方面，我要感谢新墨西哥州阿尔伯克基市（Albuquerque，NM）“栎树小组”（The Quercus Group）的戴维·克里斯季亚尼（David Cristiani），圣迭戈市（San Diego）“多肉植物都市”（Succulently Urban）的玛利亚路易莎·卡普里耶利安（Marialuisa Kaprielian），旧金山市（San Francisco）“简化蜜蜂”（Simplified Bee）的克里斯汀·比斯比·普里斯特（Cristin Bisbee Priest），加利福尼亚州洪堡县（Humbolt County，CA）的“吉纳维芙·施密特园景设计”（Genevieve Schmidt Landscape Design），加利福尼亚州尼古湖市（Laguna Niguel，CA）“绿拇指车库”（Green Thumb Garage）的凯特·司各脱（Cate Schotl）和克里斯季·科利尔（Kristi Collyer），加利福尼亚州科斯塔梅萨市（Costa Mesa，CA）奥兰治海岸学院（Orange Coast College）的乔·斯特德（Joe Stead），科罗拉多州“植物精选”（Plant Select）的戴维·温格（David Winger），以及洛杉矶市（Los Angeles）“花卉二重奏”（Flower Duet）的基特·沃茨（Kit Wertz）和凯西·施瓦茨（Casey Schwartz）。

设计师、苗圃师、艺术家、园艺师及收藏家用他们的技艺与创造性为本书增色，他们包括：“阿坎纳设计”（Akana Design），“圣马科斯种植者”（San Marcos Growers）的兰迪·鲍德温（Randy Baldwin），查尔斯·鲍尔与戴比·鲍尔（Charles and Debbie Ball），加里·巴特尔（Gary Bartl），悉尼· 鲍姆加特纳（Sydney Baumgartner），吉姆·毕晓普（Jim Bishop），“植物·人”苗圃（The Plant Man nursery）的迈克尔·巴克纳和乔伊斯·巴克纳（Michael and Joyce Buckner），“沙漠剧场”（Desert Theater）的布兰登·布拉德（Brandon Bullard），R.C.科恩（R. C. Cohen），伊丽莎白·克劳奇（Elisabeth Crouch），戴维斯·达尔博克（Davis Dalbok），琳达·埃斯特林（Linda Estrin），劳拉·尤班克斯（Laura Eubanks），萝宾·福尔曼（Robyn Foreman），“沃土苗圃”（Good Earth Nursery），加利福尼亚州仙人掌中心苗圃（California Cactus Center Nursery）的拉里·格拉默（Larry Grammer）和桑赛雷吉（Thongthiraj）姐妹，玛丽莲·亨德森（Marylyn Henderson），唐亨特（Don Hunt），“水智慧植物”苗圃（Waterwise Botanicals nursery）的汤姆·杰士（Tom Jesch），彼得·琼斯和玛格丽特·琼斯（Peter and Margaret Jones），特拉索尔花园中心（Terra Sol Garden Center）的托尼·克罗克（Tony Krock），兰迪·劳里（Randy Laurie），马修·马乔（Matthew Maggio），“挖掘花园”苗圃（DIG Gardens nursery）的卡拉·梅耶斯（Cara Meyers），帕特·米勒（Patt Miller），史蒂法妮·米尔斯（Stephanie Mills），弗兰克·米泽尔（Frank Mitzel），“索拉纳多肉植物”苗圃（Solana Succulents nursery）的杰夫·穆尔（Jeff Moore），比尔·蒙卡奇（Bill Munkacsy），苏珊·芒恩（Susan Munn），阮幸（Hanh Nguyen），“精美兰花与多肉植物”（Exquisite Orchids and Succulents）的阮庄（Trang Nguyen），莫妮卡·诺奇萨基（Monika Nochisaki），“绿洲节水花园”（Oasis Water Efficient Gardens），弗兰克·奥多和苏珊·奥多（Frank and Susan Oddo），杰夫·帕夫拉特（Jeff Pavlat），“彩虹花园”苗圃（Rainbow Gardens nursery），“拉韦纳花园”（Ravenna Gardens），“罗杰花园”（Roger' s Gardens），玛丽·罗德里格斯（Mary Rodriguez），迈克尔·罗梅罗和丹妮尔·罗梅罗（Michael and Danielle Romero），苏茜·谢弗（Suzy Schaefer），卡罗琳·谢尔和厄尔布·谢尔（Carolyn and Herb Schaer），“海滨花园”苗圃（Seaside Gardens nursery），凯茜·肖特（Kathy Short）和帕蒂·卡诺勒斯（Patti Canoles），吉尔·沙利文（Jill Sullivan），埃里克·思威德尔（Eric Swadell），丽贝卡·斯威特（Rebecca Sweet）， 基思·基图依·泰勒（Keith Kitoi Taylor），“时尚野草”（Chicweed）的梅丽莎·梯索尔（Melissa Teisl）和乔恩·霍利（Jon Hawley），沙尔·韦尔（Char Vert），彼得·沃考维亚克（Peter Walkowiak），“生长”苗圃（GROW nursery）的尼克·威尔金森（Nick Wilkinson），以及莉拉·余（Lila Yee）。

我还要万分感谢亚利桑那–索诺拉沙漠博物馆（The Arizona-Sonora Desert Museum），美国仙人掌与多肉植物协会（The Cactus and Succulent Society of America），圣迭戈植物园（San Diego Botanic Garden），圣迭戈园艺协会（The San Diego Horticultural Society），加利福尼亚州克罗纳德尔玛镇（Corona Del Mar，CA）的“舍曼花园”（Sherman Gardens），加利福尼亚州帕洛斯弗迪斯市（Palos Verdes，CA）的南海岸植物园（South Coast Botanic Garden），以及亚利桑那州图森市（Tucson，AZ）的托赫诺·查尔公园（Tohono Chul Park）。

最后，同样重要的是，我很感激那些超乎寻常的帮助，它们来自我的编辑洛琳·安德森（Lorraine Anderson）、我的出版社Timber Press，以及我亲爱的丈夫、“科技迷”杰夫·沃尔兹（Jeff Walz）。

序言

当人们问起我是怎么对多肉植物产生兴趣的，我告诉他们，我曾因为圣迭戈联合论坛报（*San Diego Union-Tribune*）的约稿游览了一个令人叹为观止的多肉植物花园——园艺师帕特里克·安德森（Patrick Anderson）的芦荟园，它让我对多肉植物的美和它们在园艺设计上的潜能大开眼界。

不过，就在我这么说的时候，我的意识边缘还浮现出更早的记忆。八九岁时，不记得为了什么事，我和母亲去了富人区的一户人家。回家后，母亲向父亲描述那户人家宅子的样子："巨大的观景窗，但想象一下你得将它们擦得干干净净。看得见高尔夫球场的景致，但那片地太陡了。绿树环绕，但它们会掉树叶和树皮。起居室外有大露台，但没花园。"

没花园？那里分明有个让人咋舌的花园。在露台上的花盆里，栽种的植物和我见过的全然不同。它们看起来像鳗鱼、海星和珊瑚。有一个是完美的球体，带着绿色和红褐色的"人"字形平行图案。其他的像是用蓝灰色纽扣串起来的项链、有弹性的银蓝色玫瑰，以及顶部带"窗"的绿色粉笔。

母亲最后不无惆怅地说："或许有一天戴比（"德布拉"的昵称——译者注。本书中同种字体均为译者注，以下不再一一注明）会有那样的宅子。"我干吗会想要这个，我寻思着，如果随之而来的是脏兮兮的窗户、乱糟糟的树、差不多直上直下的地？但话说回来，谁又不想拥有那个露台花园呢？它和海洋水族馆、热气球、不限量供应的巧克力棉花糖一道，成了我向往的东西。

多肉植物依然诱惑着我，另外那些东西我已不再向往了。每当我看到某种从没见过的多肉植物，甚至是见过多次但长得不错的多肉植物，我又变成当初的那个小女孩。你可能会想当然地以为我有巨大的收藏，虽然我确实拥有不少品种，但我不认为自己是个"收藏者"。迷恋并不必然意味着占有。看着苗圃里、展览上或者别人花园里的多肉植物，我也同样开心。我尤其喜欢用相机捕捉、记录多肉植物各式各样的形状和质感。

在大部分职业生涯中，我就各种各样的植物进行写作。文字依旧是我的"初恋"，但要描绘一株植物或者一个花园，什么都不如照片好。在实践这一艺术形式时，我常想着"摄影"意味着"用光线写作"。相机在手，我围着多肉植物转来转去，寻找最佳的光照。在清早和近傍晚时斜斜的阳光下，那些红色的叶缘如霓虹般耀眼，叶刺毛茸茸的细丝泛着微光，叶片展现出熠熠生辉的玫瑰色、橙色、紫色及蓝色色调。如你可能想象的一样，为本书挑选照片是困难的，有那么多的照片都有可取之处，例如"阐释了"一个要点，我不停地想："我得让他们看看这张！"

这是我第三本关于多肉植物的书，算是前两本某种意义上的"前传"。它是新晋爱好者的指南，是任何寻求概览者的快速参考，也是展现那些让我为之兴奋的设计理念的载体。在整本书中，我分享了对这一题材的心得，它已成为我的热忱所在。

第一篇阐释了多肉植物诸多令人喜爱的特质，并建议你如何用这些植物为你的花园增色，无论花园有多大。你会发现顶级花园设计师是怎样将多肉植物用作三维调色板的。除了那些实用又漂亮的多肉植物外，我还探究了那些稀奇古怪、抓人眼球而又值得收藏的多肉植物。你还可以了解如何将多肉植物养护得跟你把它们从苗圃带回家那天一样好。

▶ 园艺研习班是我以多肉植物书籍作者这一身份工作的一个副产品。丹妮尔·莫赫尔（Danielle Moher）新种的盆栽里包含有玉凤（*Echeveria imbricata*）、粉红十字星锦（*Crassula pellucida* ‘Variegata’）、小锁边锦（*Crassula pellucida* ssp. *marginalis* ‘Variegata’）、新玉缀（*Sedum burrito*）。

这些植物可以在忽视中存活，不过，在悉心照料下会长得越发好，以此作为对你的报答。

在第二篇里，你会看到如何一步步用多肉植物制作餐桌中心摆饰、花束、吊篮，以及用于其他一切有趣又有用的手工装饰作品——用它为你的家居增色、庆祝特殊的日子，或者作为礼物。用不可思议的方式将多肉植物和其他植物一起使用是可能的。等着看看劳拉·尤班克斯（Laura Eubanks）的苔藓粘胶法，以及萝宾·福尔曼（Robyn Foreman）如何将石莲花属（*Echeveria*）多肉植物化身为经久不衰的玫瑰相似物吧。

在第三篇里，我展示了我首选的 100 种多肉植物。大多数是我自己种过的，给你提供参考，所有的都唾手可得（或者就快普及了）且易于种植——只要你懂得一些园艺常识。别担心，这不需要什么才艺，只要有对多肉植物的欣赏、积极的学习态度和尝试的意愿就行了。

最重要的是，我希望你可以通过这本书拓展对多肉植物之美的了解，增强你用这些肉质、几何形状的植物装点你的生活空间、表达你的独特风格的欲望。别对你不熟悉的多肉植物有畏惧之心。如果你喜欢它们，就种它们。我敢打包票：用不了多久，你就会开始向朋友赠送插穗了。

现在，我高兴地将我的这本指南（把它变成你的指南吧）呈现给你，它会指导你如何选取、种植及如何用这些用途广泛的迷人植物来进行设计。

希望这本书能启迪你，令你兴趣盎然，并给予你灵感。

关于植物名

我虽然赞同按多肉植物的拉丁学名来称呼它们，但还是尽可能地将它们的俗名收录进来。这使得植物名易记，但也可能造成误解。多肉植物的俗名不如它们的拉丁学名准确，对每种植物来说也不是独一无二的。例如，酒瓶兰（*Beaucarnea recurvata*）并不是兰花，好几种多肉植物都有“母鸡产小鸡”的生长习性，但只有一种的英文俗名叫“母鸡与小鸡”（hens-and-chicks，即长生草，*Sempervivum*）。

拉丁学名是准确的。“*Echinocereus triglochidiatus* var. *mojavensis*”通常叫作“大花虾”或“篝火”[是三刺虾（又名“少刺虾”）的变种]，可那一长串的拉丁名准确地描述了这种植物。“*echino*”源自希腊文，意为“像刺猬那样长满刚毛的”；“*cereus*”意为“蜡状的”，而仙人柱通常都是柱形的。“*tri*”意思是“三”，“*glochid*”是叶刺，故而“*triglochidiatus*”指的是叶刺三三一丛的排列方式。“*mojavensis*”就容易理解了：它的意思是“来自莫哈韦（Mojave）沙漠”。

我希望你逐渐熟悉植物的拉丁学名。在此过程中，你会增进对植物命名法实用性的了解，甚至可能会逐渐喜欢上用它。

多肉女王的花园
多肉养护及设计精要事典

第一篇

多肉植物的欣赏、种植与设计

多肉植物为何如此诱人

在我半英亩（1 英亩 =4046.86 平方米）的花园里，我种过从杂交茶香月季（tea rose）到西番莲藤（passion flower vine）的各种东西，没有什么比多肉植物更省事的了。

因为这些“节制饮水”的植物将水分储存在叶子和茎里，即便你忘了浇水，它们也不会枯萎，你出门的话它们也不会“渴”念你。我去外地的时候，再也不需要把房门钥匙交给邻居——从我转养多肉植物那时起就不需要了。我在离开前将它们浇透，需要的话，将它们搬离烈日之下，它们至少两周都没事。

多肉植物可轻易地由插穗或侧芽开始生长，不过绝大多数是非侵入性的。原产于恶劣的环境，这些植物可忍受忽视，但在宠爱之下会长势喜人。和我一样，你或许会发现，在你的花园具有挑战性的部分——那些其他植物纷纷败下阵来的地方，多肉植物表现得不错。

大多数多肉植物确实需要保护，以抵御夏日灼热的阳光和冬天的低温；比起多雨和潮湿的环境，它们更喜欢干燥的环境。不过，无论你身居何处，花盆使你得以种植、欣赏数以百计的品种。几乎所有的多肉植物在盆中都能生长得状态良好，并且由于花盆可以搬动，在天气变得太热、太冷或太湿的时候，可以将这些植物庇护起来。

◀围绕着主体莲座叶丛的侧芽让人想起雨点滴到水面上漾起的涟漪。玉凤足够顽强，可用于花畦上。

▼香炉盘（*Aeonium canariense*）展示了许多多肉植物都有的重复性的几何形状。此处所示的香炉盘有在日照下会变红的外叶。该植物分枝形成紧凑而柔软的莲座簇。

◀◀（14 页）我的花园里斑锦龙舌兰（带条纹）醒目的叶子与绿色的莲花掌、橙色的芦荟交相辉映。

超现实的形状、质地和图案

家庭园丁如今从收藏家深谙的道理中懂得了：由于多肉植物的建筑和雕塑般的形状，它们看起来赏心悦目，设计起来也令人愉快。多肉植物什锦组合的搭配效果往往立竿见影。这种有着简单、清晰线条的植物很难出什么岔子。几何形状的多肉植物——无论是在花园里还是盆中——具备极佳的鲜明轮廓，并且一年四季看上去都令人愉悦。

许多多肉植物（如石莲花、长生草、莲花掌、风车草等）有着与花朵相似的莲座状。这些植物重重叠叠的叶子使人联想起肉质的玫瑰花、睡莲花、山茶花或者雏菊。不过，与花不同的是，它们摆脱了凋零的魔咒。日复一日，莲座型多肉植物看上去都是老样子——除非它们在开花期，那是个可爱的加分项。由于叶片可带有淡雅、柔和的色调和蓝调风格，多肉植物顺理成章地被用于花束、餐桌中心摆饰及婚礼礼服上的胸花、腕花。莲座型多肉植物和花畦里的花互相映衬着看起来也棒极了。在设计抢眼的盆栽展示品时，一个有着较大莲座的多肉植物（如卷心菜大小的皱叶石莲花）通常就是你所需要的全部。

某些多肉植物（尤其是长生草和许多石莲花）的一个吸引人的特点是它们“母鸡产小鸡”的生长习性——一个大莲座（“母鸡”）生发出较小的莲座（“小鸡”）。对长生草而言，它们通常附着在细长、脐带状的茎上。随着时间推移，“母鸡”和它那窝就快变成“母鸡”的“鸡崽”会填满花盆、窗台花箱或岩石园。若要分株或繁殖这些多肉植物，切下或扭下一个或数个侧芽重新栽种即可。

有如此之多的形状、大小、质地可供选择，你可以选取适合你风格、家居甚至场合的多肉植物。莲座型多肉植物用在使用鲜花的传统场合堪称完美，多刺的多肉植物契合西南地区简朴的沙漠审美，龙舌兰及线形的多肉植物［如虎尾兰属（*Sansevieria*）、

◀ ‘蓝焰’龙舌兰（*Agave* ‘Blue Flame’，左上）、 风车石莲（*Graptoveria*，风车草属与石莲花属的杂交，右下），同开花的伽蓝菜（*Kalanchoe*）、‘蓝光’龙舌兰（*Agave* ‘Blue Glow’）、柱状的粗枝摩天柱（*Pachycereus pachycladus*）及吹雪柱（*Cleistocactus strausii*）一道，提供了一个形状与质地引人注目的组合。

▲ 夕山樱（*Sempervivum montanum*，中）茎短，形成紧致的群生。石莲花、厚叶石莲（*Pachyveria*，厚叶草与石莲花的杂交）的莲座完善了这一组成。

▼ 鲜艳的日落芦荟（*Aloe dorotheae*）有对称的生长模式、带“Z”字边的叶子。

柱状仙人掌，以及大戟属（*Euphorbia*）多肉植物]适合任何时尚、现代的东西。

从多肉植物获得灵感的艺术家和建筑师包括弗兰克·劳埃德·赖特（Frank Lloyd Wright），他在一个著名的抽象彩色玻璃设计中，诠释了巨人柱（*Carnegiea gigantea*）——西南沙漠的标志性植物。在西塔里埃森（Taliesin West），这个赖特位于凤凰城附近的冬季住所和建筑学校，龙舌兰在风景中占有显著位置。乔治娅·奥基芙（Georgia O’Keeffe）最知名的画作画的是黄色的仙人掌花。墨西哥艺术家迭戈·里维拉（Diego Rivera）以他的马蹄莲闻名，也描绘过仙人掌和龙舌兰。在20世纪20年代，著名摄影家伊莫金·坎宁安（Imorgen Cunningham）创造了龙舌兰、仙人掌及芦荟的黑白图像，用光与影诠释了这些植物的线性形状。

可食用、可入药及违禁的多肉植物

一些多肉植物可供食用，但大多数需要经过处理才变得可口。生吃的时候，有些是酸的或苦的；其他的有令人腹泻的特性。有两种会让你亢奋。有一种可能会令你遭到逮捕。

翠叶芦荟（*Aloe vera*） 又名库拉索芦荟。尽管广为人知并广为种植，但自然生发的翠叶芦荟群并不存在。它的凝胶富含维生素 C，因具有若干对健康的益处而闻名。当翠叶芦荟的黏液被等量的水稀释后，其黏黏的口感和苦苦的味道都会得到改善。我将翠叶芦荟的叶片纵向剖开，用黏液缓解晒伤，注意避免黄色的那层（就在表皮下面）触及衣服。它不仅会留下印渍，吃下去的话也会造成痉挛和腹泻。

仙人掌 在圣迭戈（San Diego）附近我儿时的住所，仙人掌曾是我父亲喜欢的景观植物。它不需要浇水，被沿着农场的边界种植，形成了一道春季开花的灌丛，既是防火屏障又是安全围栏。此外，“如果遭受饥荒，我们可以吃它。”他常这么说。直到我在墨西哥的一个露天市场，看见商贩把叶刺从刺梨仙人掌（*Opuntia ficus-indica*）叶片上刮掉、将它们码起来出售时，我才意识到父亲当初不是在开玩笑。在仙人掌掌片顶端开放的花朵变成多汁的紫红色果实，味道可口，不过长满了难以消化的籽。果实和掌片都可以生吃，但后者烹制后更佳。可食用的还有：

- **风琴管仙人掌**（*Stenocereus thurberi*）有着高尔夫球大小的红色果实，被称为“蜜龙果”（pitahaya dulce）。
- **火龙果**（*Hylocereus*）又名“量天尺”（pitaya），是一种藤蔓状的热带仙人掌，有着扁长、带圆齿的叶子和亮红色、粉红色或黄色的果实。果实是卵形的，带有绿色的“翅片”，使它们看上去像是 20 世纪中叶科幻小说里的太空飞船。果肉为白色或红色，有细小、脆脆的、黑色的籽。虽然在亚洲文化中大受欢迎，富含抗氧化物，并且在整个加利福尼亚州南部的农贸市场上都可以买到，但火龙果尚未在这里

◀ 翠叶芦荟可能原生于北非，从法老时代起就被用作草药、使用在美容化妆品及润肤露中。据说它是埃及艳后克里奥帕特拉养颜之物中必不可少的成分。

▼ 手掌大小的未成熟仙人掌在得克萨斯州和拉丁美洲被用于沙拉和蛋类菜肴中。

▶ 爱杜丽丝仙女杯（*Dudleya edulis*），英文俗名“粉笔生菜”(chalk lettuce) 或“教堂生菜” (mission lettuce)，叶子在烹制后可食用。

流行开来。它有着颗粒性的口感、寡淡的味道，不过切片后摆在盘子里看起来绝对漂亮。

- **秘鲁天轮柱**（*Cereus repandus*）的果实是甜的，呈亮红色。尽管它的果实也被俗称为“火龙果”，但是这种柱状的仙人掌和藤蔓状的量天尺看起来全然不同。
- **昙花属**（*Epiphyllum*）为热带仙人掌，因其硕大、色彩生动的花朵而被种植。它们的基座膨出果实，与火龙果类似，只是小一些。
- **鹿角柱属**（*Echinocereus*）最终结红色还是绿色的果实取决于其品种，可能会是草莓味或覆盆子味的，带有一丝香草气息。
- **龙神木果**（*Garambullos*）是龙神木（*Myrtillocactus geometrizans*）所结的浆果。它们尝起来有点像小红莓，不过没那么涩。

粉笔生菜　即爱杜丽丝仙女杯，原生于加利福尼亚州，叶子直立，灰色，带粉末，形状如同四季豆。生吃的话有股令人不快的粉笔味，烹制之后据说会可口许多。

◀若干种丽杯角(*Hoodia gordonii*)可生吃。虽然是“仙人掌形”的,但这些南非的多肉植物与仙人掌并无关系。

▲乌羽玉(*Lophophora williamsii*),原生于得克萨斯州西南部及墨西哥的一种无刺仙人球,以“纽扣”的形状生长,看起来像压扁了的松饼。它们如此之苦,以至于吞食它们的人往往会感到恶心,并在体验致幻效应前呕吐。

丽杯角 丽杯角是国章属（*Stapelia*）的一员，这种多肉植物有大大的、闻起来像腐肉的花，以便吸引蝇类来传粉。丽杯角以其抑制胃口的特点而闻名，南非原住民长期使用它来驱走卡拉哈里狩猎之旅中的饥饿感。鉴于由此而对该植物产生的极度兴趣，其贸易受到限制。

乌羽玉 乌羽玉在印第安人的宗教仪式和药物治疗中有很长的使用历史，目前可由印第安教会成员合法使用。它是致幻剂麦司卡林（mescaline）的原料之一，被美国缉毒署列为一级管制物质（滥用潜力高、目前无认可的医药用途、安全性未界定、不可开处方）。由于被过量采摘，得克萨斯州将乌羽玉列为濒危物种。

特基拉龙舌兰（*Agave tequilana*） 特基拉龙舌兰原生于墨西哥的哈利斯科州（Jalisco），对该国的经济很重要，被作为经济作物种植。在这些龙舌兰快开花的时候，它们被修剪，以使糖分集中于被称为“piña”（西班牙语，意为“菠萝”）的主干。这些主干在植物生长的第十二年被收割，从中榨出的汁液经发酵、蒸馏，制成特基拉龙舌兰酒。

丝兰（*Yucca*） 香蕉丝兰（*Yucca baccata*）和莫哈维丝兰（*Yucca schidigera*）的果实、种子及幼嫩的花茎和叶子可趁鲜生食或脱水储存。对“丝兰的根可食”的臆断，通常是源于把它和在植物学上毫无关系的木薯（yuca）[*Manihot esculenta,* 又称“树薯”（cassava）]混淆了，后者被用来制作木薯粉。

▶ 加利福尼亚州沃尔纳特克里克（Walnut Creek）的露丝·班克罗夫特花园（The Ruth Bancroft Garden）将特基拉龙舌兰种在小玻璃杯中出售。

多彩的叶片

在我的盆栽研习班上，有时我会举起一个浅蓝色的花盆，问道："你们知道有多少种植物是这种颜色的？"这样的植物在普通人的印象中一般是不存在的。然后我向大家展示满满一培养盆的玉凤或蓝粉笔（*Senecio mandraliscae*）——两种常见的多肉植物，真真正正、毫无疑问是蓝色的。我可以将蓝色的多肉植物种在蓝色的盆里，创造一个单色编排，或者将它们与色轮上对面颜色的多肉植物组合起来，如橙红色的芦荟、'火棒'大戟（*Euphorbia tirucalli* 'Sticks on Fire'）或铭月（*Sedum nussbaumerianum*）。

除了浅蓝色与橙色，多肉植物的叶子还有各种深浅的绿色及不同亮度的黄色、金色、红色、绯红色、紫色、奶油色、粉色及其组合。为了打造超现实主义风格的风景小品或者在月光下看起来令人惊叹的盆栽花园，可使用数种带有白色、银色、蓝灰色或蓝绿色叶片的多肉植物。要创造引人注目又简单的两种植物的搭配，可将近乎黑色的'黑法师'莲花掌（*Aeonium* 'Zwartkop'）与并非多肉植物但需水较少的花畦植物并置，如银色的蒿草（artemisia）、橙红色的旱金莲（nasturtiums）、橙色的花菱草（*Eschscholzia californica*）、黄色的金鸡菊（*Coreopsis*），或花色绯红的袋鼠爪（*Anigozanthos*）。

因为多肉植物几乎具有所有的色调，所以你不必单靠那些不长久的花朵来为花畦、盆栽甚至花束增添色彩趣味。大量种植的话，带有多色叶片的多肉植物会展现令人难忘的布置。单个种植的话，它们会有效地成为盆栽编排的核心或花园的焦点植物（体积大的话）。

▶ ‘火棒’大戟、蓝粉笔、红边的唐印（*Kalanchoe luciae*），以及凫色和浅紫色的疣突石莲花（caruncled echeveria），它们展示了多肉植物叶子中可寻得的多种形状和颜色。

◀◀ 这一海边花园展示了紫色和粉红色的石莲花、‘火棒’大戟、红色的日落芦荟，以及显眼但保持小型、不会阻碍视线的龙舌兰：左边是虚空藏（*Agave parryi* var. *truncata*），右边是银心龙舌兰（*Agave americana* ‘Mediopicta Alba’）。

▲许多多肉植物根据生长条件改变颜色。旱季的末期，在图森的亚利桑那－索诺拉沙漠博物馆，受旱的长刺龙舌兰（*Agave pelona*）叶尖为红色。雨水会把它们变回绿色。

◀远距芦荟 (*Aloe distans*，又名“还城乐芦荟”）蓝色和淡紫色的叶片边缘上细小、琥珀色的刺闪闪发光。

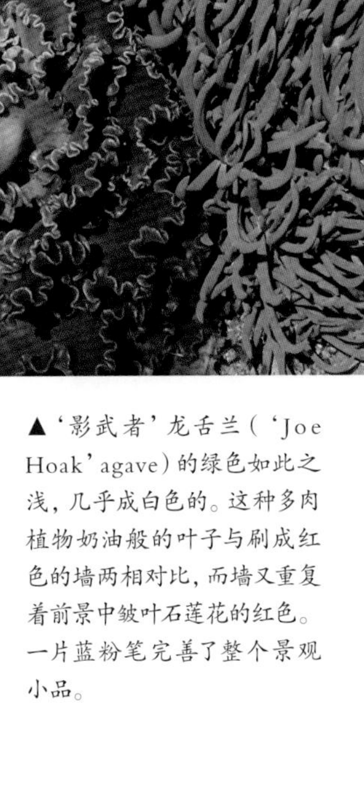

▲‘影武者’龙舌兰（‘Joe Hoak’agave）的绿色如此之浅，几乎成白色的。这种多肉植物奶油般的叶子与刷成红色的墙两相对比，而墙又重复着前景中皱叶石莲花的红色。一片蓝粉笔完善了整个景观小品。

▲花盆的蓝色使人注意到作为焦点的厚叶石莲莲座的蓝色。

◀ 在给予大量日照时，‘火祭’头状青锁龙（*Crassula capitella* ‘Campfire’）变为耀眼的红色。其下种着黄绿色的‘安吉丽娜’景天（*Sedum* ‘Angelina’）。

◀ ‘卡拉条纹’狐尾龙舌兰［*Agave attenuata* ‘Kara’s Stripes’，狐尾龙舌兰(*Agave attenuata*)的栽培变种，黄叶镶绿边］在蓝粉笔的背景上凸显出来。

▶▶在北加利福尼亚州的某个银叶树和常青植物花园，‘蓝光’龙舌兰吸引着参观者的注意力。

令人惊艳的花朵

多肉植物的花比叶子还要光彩夺目。肉质的茎能保持水分，因此莲花掌、石莲花及伽蓝菜等的花可以历久不衰，无论是长在植物上还是作为切花。春季，温带气候花园的整个山坡被灼烧般盛开的冰花（ice plant）覆盖；在此之前，芦荟多早已在仲冬开花，向上长出花茎——通常数英尺高（1 英尺 =0.3048 米，以下沿用）——上面密布着管状的花朵。长寿花（*Kalanchoe blossfeldiana*）的杂交种，常见到在超市中也能买到，奉献出艳丽的暖色调花朵。

说起花朵色彩鲜艳而又无可否认地精美，在这方面表现最佳的多肉植物是仙人掌。这些你曾发誓不会种在自己花园里的生刺植物，它们开出的丝缎般的花朵如此可爱，会使你感到无比开心。取决于品种的不同，“花展”可持续一周左右，通常是在春季或夏季。这值得你将休假安排在这段时间。

▲你在见到冰花前可能会先“听到”它。在开花期，蜜蜂围着它嗡嗡作响。

◀ 近乎黑色的‘黑法师’莲花掌，它黄色的花与黑色的叶形成反差。

▶ 彼得·瓦尔科维亚克（Peter Walkowiak）收集的多棱玉（*Stenocactus multicostatus*）样本在三月初开花。

◀鬼切芦荟（*Aloe marlothii*），是较大型芦荟中的一种，有着分叉的花柄，斜交的花茎上长满橙色的花。该植物约 1.8 米高，直径约 1.2 米。

我喜爱仙人掌的五大原因

1. 许多品种的花与睡莲相似，这是个奇妙又有趣的矛盾。
2. 部分最为危险的仙人掌，比如拳骨冠（*Cylindropuntia fulgida*），为鸟类提供了庇护所。
3. 仙人掌的刺越多，在逆光的时候它的光晕就越漂亮。
4. 俯视它们的顶部或尖端时，星球属（*Astrophytum*）及其他许多球形或柱状的仙人掌看起来与雪花相似（又一个有趣的矛盾）。
5. 莺鸣云（*Melocactus azureus*）、分叉的巨人柱、吹雪柱（花期中），以及任何石化或缀化的仙人掌，都有着吸引人的奇特外观。

▲极少有植物能开出比仙人掌更耀眼的花，或是有它那种有趣的形状和叶刺图案。上图为黄神丸（*Mammillaria celsiana*）。

▶ 在图森的托赫诺·查尔公园，拳骨冠保护一只筑巢的鸽子免受天敌侵害。

◀ 武卫柱（*Pachycereus weberi*）的顶端看上去酷似雪花。

▼接近傍晚的阳光使得仙人掌熠熠生辉。

▲吹雪柱颇具幽默感——至少不在乎别人对自己说三道四。

奇异而值得收藏的美

所有的多肉植物都令人着迷，许多引人注目，有些甚至奇特到会令你驻足凝视。稀奇古怪的多肉植物值得在所有人的收藏中占一席之地。

缀化生长（crested growth，植物的组织聚成一堆，如同裙子腰线上褶起的布料一样）在多肉植物中比在其他植物中常见。如果生长点的部分不像正常情况下那样延续为一条线，缀化就会自发地出现。没有两个缀化是完全相同的。扁化（fasciation）——茎变得扁平或呈扇形——是多肉植物缀化的典型现象，可归于更大的“石化”（monstrose）这一范畴之中（包括尖锐的突起、奇怪的叶刺排列、扭曲的叶片，以及不寻常的颜色等）。这些变异的多肉植物可能是罕见而宝贵的，特别是长得大的话。因为它们易被阳光灼伤，又对过度灌溉敏感，所以栽培缀化多肉植物往往是有挑战性的。

瑞云（*Gymnocalycium mihanovichii*）英文俗名为“球月仙人球”（globular moon cacti）。如此命名是因其母株上附生着较小的“月亮”。这些多肉植物也被叫作“热脑袋”，因为它们有桃红色、橙色、红色、黄色及（更为罕见的）条纹或斑点组合 。因为这些多彩的奇特之物缺乏叶绿素，所以每个都“坐”在——从技术上来说，是嫁接在——另一种仙人掌暗绿色的茎之上。给它足够的光照以进行光合作用，但不要太多，以免使被嫁接物的顶部枯萎。看上去犹如海底生物的多肉植物包括珊瑚般的缀化的帝锦（*Euphorbia lactea*）；长着波浪形叶子的章鱼龙舌兰（*Agave vilmoriniana*）；蛇形的叶子从中心点辐射开来、让人联想起海葵的美杜莎大戟（*Euphorbia caput-medusae*）；以及鱿鱼似的范巴伦芦荟（*Aloe vanbalenii*），它的叶子让它看起来仿佛能喷出一道水流射过花园。

许多多肉植物还具有不同寻常的质地，如橡胶般的、丝绒般的、粉质的、砂纸般的、凹凸不平的、蜘蛛网状的，以及“荷枪实弹”带刺有危险性的。月兔耳（*Kalanchoe tomentosa*）有泰迪熊般毛茸茸的叶子。‘鲨鱼皮’龙舌兰（‘Sharkskin’agave）也名副其实。卷绢（*Sempervivum arachnoideum*）覆盖着白色的细丝，与蛛网相似。许多矮生芦荟（dwarf aloe）的栽培品种看上去镶满了碎片。仙人掌各不相同，从几乎无刺、可爱抚的，到那些如果你不只是看看的话就会“跟着你回家”的（以不那么好的方式）。某些石化（卷曲）仙人掌——如金手指石化（*Mammillaria elongata*‘Monstrosus’）——让人联想起蜷曲交缠着的蛇。

可以说，最奇怪的多肉植物要数叶子上随机分布着疣突（水疱状）的石莲花杂交种了。或许因为那样的突起与熔岩流相似，至少有两种栽培种以冒纳罗亚（Mauna Loa，位于夏威夷群岛）和埃特纳（Etna，位于意大利西西里岛）这两座火山命名。按石莲花专家阿蒂拉·卡皮坦尼（Attila Kapitany）的说法，所有的疣突石莲花都是带瘤的乙女梦（*Echeveria gibbiflora*‘Carunculata’）的后裔，后者有着向下弯曲的、长而窄的叶片。

◀章鱼龙舌兰有又尖又窄的、带沟槽的叶片，宛若波浪起伏。在这个海滨花园，这些植物仿佛从藏身的石头后闪现出来。

◀暴露这个红色“风车”其实是仙人球的唯一线索是它的刺。月亮仙人球（moon cactus）的特征是许多小球体环绕着一个大的球体。

▼对雷神龙舌兰（*Agave potatorum*）的欣赏是不难获得的：它看似柔软、尖端犹如酒钻的叶子有着婴儿毯般的淡蓝色，在叶片舒展开来之前会形成凹印 （芽印）。每当我见到一株多锯齿的龙舌兰，我都会找寻这样的睫毛状线条。

◀这是“沃尔多在哪里”(where’s-Waldo effect)效应：哪个是石头，哪个是“有生命的石头”？围绕着晃绿玉（*Argyroderma patens*）的卵石模拟着这种多肉植物的形状和颜色。

▲魔云（*Melocactus matanzanus*）头戴珠冠。这种热带仙人球原生于古巴沿海地区，喜欢潮湿、温暖的气候，以及明亮但不炽热的阳光。毛刺每周需要喷雾数次，以便于它吸收水分。

▼无缀化时，帝锦为柱状，与下面图片中在加利福尼亚州帕萨迪纳（Pasadena）的加利福尼亚州仙人掌中心（California Cactus Center）展出的、有着奶油兑入咖啡般质感的羽毛形状截然不同。

适合懒园丁的低需水植物

一般来说，种植多肉植物及差不多同样耐旱的观赏植物的花园，要比传统的草坪 – 花畦景观少需要 1/3 ~ 2/3 的水，也更少需要打理。典型的前庭组成如下：需要刈割、施肥及除死草的草皮，需要整形、摘去枯花的灌木，种有一年生植物、需要季节性重植的花畦，需要剪枝的树，以及需要清除的落叶。

相反地，想象一下：一条砖或石块铺成的小径从人行道蜿蜒伸至前门，两侧是由石块、龙舌兰、冰花、丝兰及各种如花般的莲座型多肉植物所点缀的护道。低需水的观赏草随风摆动，增添质感和动感。蜂鸟一头扎进管状的芦荟花中。一部割草机靠着前门附近的墙，因为闲置不用而生了锈，它的机箱里长满了石莲花。

在所有多肉植物中，翡翠木（*Crassula ovata*，又名“玉树”）可能是最广为种植（也最广为人知）的，这无疑是因为它对所遭受的忽视抱有高度的宽恕之心——这一点我深有体会。我在喜欢上园艺之前，得到扦插在一个浅盆里的翡翠木。每回浇水后它可以坚持数周，只是在叶子变得无光泽并且起皱时我才浇一浇。浇水后一两天，它的叶子补充了水分，恢复光泽。如今，二十多年过去了，它还待在同一个盆里，主要是因为我好奇它到底能坚持多久。我怀疑花盆都会比它坏得早。它看上去几乎一如以往，除了它的主干现在有我胳膊粗之外。如同典型的翡翠木，它自我剪枝——瓣片皱缩、落下，寻找可供生根的土壤。由于我毫不帮忙，它将自己变成了一座平衡的盆景。

▶如果你住的地方少雨、湿度低、温度很少降到 −1 ℃或升到 38 ℃以上，这里有一种多姿多彩、易养护、节水、易打理的多肉植物组合：黄绿色的'安吉丽娜'景天，蓝色的玉凤、红色的唐印、金黄色的金琥（*Echinocactus grusonii*），以及'克罗斯比多产'芦荟（'Crosby's Prolific' Aloe，处于花期）。最末那位因随心所欲地生侧芽及大量开花而得名。

◀◀ 三个月来，除了露水没有其他的水分来源，这些风车草属（*Graptopetalum*）多肉植物的莲座叶丛关闭起来，以节约资源。从土壤变干时起它们就停止生长，叶子的尖端有皱纹显现。内叶合抱着每株莲座的核心，保护其免受脱水之害。但它们仍可提供有活力的插穗，并且在浇水后会再度变得丰满。

▲定期浇水的风车草，其叶片肥厚呈蓝色。

▲不同高矮、大小的多肉植物为前庭增色。从小卵石到大石块的石头与住宅建筑相呼应。

◀ 如翠叶芦荟剖开的叶片所示，多肉植物标志性的特征是其储水能力（如仙人掌和某些大戟属多肉植物中最为肥厚的）。多肉植物肉质越肥厚，浇水的间隔也就可以（并且应该）越长。

◀ 在干旱气候下耐旱、易养护的园景中，银色的吉祥天(*Agave parryi* var. *huachucensis*)与柱状的仙人掌及一株大树芦荟(*Aloe bainesii*)相处融洽。

▶ 因为它基本上就是个水箱，比篮球大得多的金琥可能太过沉重、难以举起。在移植仙人掌的时候，学学我邻居伊丽莎白·克劳奇(Elizabeth Crouch)的做法：戴上厚厚的园艺皮手套，用弄皱的报纸将植物垫上。

◀ 细叶的多肉植物，如姬星美人(*Sedum anglicum*)和娇小玲珑的梦椿(*Crassula pubescens*)，储存的水不如它们胖乎乎的近亲多，因此需要更频繁地浇水。

摆脱你的草坪

草坪的需水量比你在同等空间种植的任何其他植物都要大。它是孩子玩耍的理想地面，但对大多数活动来说，47~74 平方米就绰绰有余了。要代替草地不需用作游戏空间或无人步行其上的部分，多肉类的地被植物是一个选择。地被多肉植物不需要经常打理（大约一年打理四次即可），而且一旦长起来，将不容杂草靠近。

蓝粉笔易于从插穗开始生长，可长到15.2~20.3 厘米高。炸薯条形状的叶子是亮蓝色的。它在坡地上长得不错，成堆种植的话很可爱。新的生长发生在不断变长的茎的顶端。修剪它的最佳时机是初秋，即当它从夏季休眠中苏醒过来的时候。修剪过的茎会分叉，生成更紧凑的植株。剪下的插穗可被用来填上空隙或扩大现有的种植规模。

你如果年龄够大——且足够有观察力的话——可能会记得，20 世纪 60 年代以前，心叶冰花（*Aptenia cordifolia*，又名“露草”“花蔓草”）在加利福尼亚州南部和加利福尼亚州沿海地区并不常见。一经引种，它就成为那些不想花时间搞园艺的屋主的时髦地被植物。与随着生长蔓延而着根的日中花属（*Lampranthus*）冰花和枝干番杏属（*Drosanthemum*）冰花不同，心叶冰花只有单一的主根，这使得它易受囊地鼠（gopher）的伤害。除了这一点，心叶冰花方便、便宜、麻烦少，而且耐旱。心叶冰花锦（*Aptenia cordifolia*‘Variegata’）有绿色和奶油色的条纹。如果你住在更冷一点的气候区，可考虑露子花属（*Delosperma*）冰花， 它会在春天开出鲜艳的花朵。

不幸的是，在某些地区，冰花成了数种入侵性多肉植物的“代言人”。莫邪菊（*Carpobrotus edulis*，又名“食用日中花”），英文中有时称作“泡菜草”（Pickleweed）或“霍屯督无花果”（Hottentot fig）。 数十年来，它在整个加利福尼亚州被广泛种植，以覆盖公路两旁的斜坡，在这点上它做得非常棒。莫邪菊可仅靠雨水过活，终年常青（受旱时为红色），开黄色或粉红色的花，能有效地阻滞杂草。然而，它在很多地区都归化（naturalized，指外来物种在非原生地建立族群）了，包括沿海地区，在那里它的重量可能会使海崖变得不稳定，而且它不受遏制的生长会阻止原生植物落脚。如果你实在是想要它，莫邪菊可从插穗开始不费吹灰之力地生长。只是别让它逃出你的院子。

多肉类的地被植物都不能踩踏，但耐旱的垫状灰毛菊（*Dymondia margaretae*）这种多年生多肉植物在定植之后例外。垫状灰毛菊形成由下侧呈白色的纤细绿叶组成的紧致垫子。它需要的水分比冰花稍多一点，还要使其免受阳光暴晒。

▶ 蓝粉笔是真正的蓝色地被多肉植物。此处它被风车草(处于花期)及背景中的芦荟衬托着。

▼心叶冰花，其英文俗名为“红苹果冰花”(red apple ice plant)，以其红色的花朵而得名，它是无霜地区一种常见的地被多肉植物。这是它少见的斑锦品种。

▲有“热辣冰花”这种东西存在吗？唤作‘火舞者’(fire spinner)的露子花属冰花栽培种，于2012年引种，是约10厘米高、充满活力的地被多肉植物，它可在长达三个月的时间里开橙色－洋红色的花，在每年剩下的时间零星开花。此处展示的为种在丹佛植物园(Denver Botanic Garden)的露子花，它们源自南非，在那里它们生长在海拔1 829米的地方。

对付问题区域的顽强植物

在它们的原生地，多肉植物惯常忍受恶劣条件。大多数有着“厚脸皮”——按字面意思理解——及显著的再生能力。光照如果过少，它们可能会变白（伸长），如果过多，则可能长出米黄色的斑块，缺乏通风则会遭受粉蚧（mealybug）虫害，甚至从根部断掉，然而它们依然存活。这毫不奇怪，对于你院子里那些其他植物都长不起来的地方，多肉植物可能就是合适的选择。

这种地方之一是人行道与道牙间被称作“地狱带”的区域（如此命名是因其所代表的园艺上的挑战性）。这片窄地可能得不到灌溉，土壤被压得密实，并受步行者和狗的影响。一位设计师是这样解决问题的：堆起泥土并加上大石块，同时保留一个平的空间，使乘客可从停放在道旁的车辆中出来。接着，他种上了那种不会随时间推移而侵占人行道、街道或者用刺、尖端扎着乘客的多肉植物。豆砾石铺的表层添上了最后一笔。

狭窄的侧院、阳台及窗台花箱——通常太背阴或太炎热并难以灌溉——是园艺的挑战。种在这些地方的植物需要保持紧凑，即便被忽视也可茁壮生长，并能长期保持美观。多肉植物不仅符合以上准则，它们还受益于紧靠建筑的狭小空间的一个特点：

▶ 接收极少量水的狭长花畦距沙滩和海湾数步之遥。选种让人联想起海底植物的多肉植物包括虎尾兰属、石莲花属和小芦荟。

暖和。在露天的低温可能有害的时候，靠着房子种植多肉植物是可行的。适于这种状况的喜阳多肉植物包括小芦荟、翡翠木及其他青锁龙属（*Crassula*）、柱状的大戟属、‘安吉丽娜’景天、蓝粉笔、带斑锦的雅乐之舞（*Portulacaria afra*‘Variegata’）。喜阴多肉植物包括虎尾兰属、鸣户（*Crassula multicava*）、长寿花、金黄色的黄金丸叶万年草（*Sedum makinoi*‘Ogon’）、浅色的石莲花，以及‘灿烂’莲花掌（*Aeonium*‘Sunburst’）。

◀◀ 种植着芦荟、龙舌兰、翡翠木的道牙地带只需极少量的水，易于打理。

◀ 鸣户，适于花园的几种喜阴多肉植物之一，在加利福尼亚州是如此常见，以至于极少在苗圃中出售，你可能不得不向邻居要个插穗。我将它种在露台和树下的一个斜坡上。它阻滞杂草并且终年常绿。鸣户还将落叶隐蔽起来，那些叶子消失于其中。这个翡翠木的亲戚的缺点是：如果给予定期的浇水和肥沃的土壤，它可能会得意忘形；看上去不是特别有意思；对盆栽花园而言过于细长了。它的英文俗名“仙女青锁龙”（fairy crassula）或许跟它的带纤巧星形白花的轻盈花穗有关。

◀ 蓝色和粉红色的石莲花生长在装满泥土、附着在棚架上的布筒中，这是一个简单而引人注目的垂直花园。

▼木立芦荟（*Aloe arborescens*）英文俗称“火炬芦荟”（torch aloe），因其花穗的形状和颜色与火炬很像，在整个加利福尼亚州沿海及南部地区广为种植。此处这些健康的样本可见于圣迭戈野生动物园（San Diego Wild Animal Park）。

▶▶ 2007 年，木立芦荟在山火中保护了兰乔圣菲（Rancho Santa Fe）的一处住宅，该山火摧毁了附近的房屋。

其他的挑战状况还包括：窗户朝向一堵墙或篱笆；户外生活区域需要绿化，但小得连个花盆都放不进去。答案之一就是垂直花园。

适用于垂直花园的诸多蔓生多肉植物包括球兰（*Hoya carnosa*）、翡翠珠（*Senecio rowleyanus*）、吊金钱（*Ceropegia woodii*）、新玉缀，以及热带仙人掌（假昙花属、丝苇属及仙人指属）。

陡坡也对园艺造成了挑战。对于全日照的陡坡，种植冰花是良好的解决方案；它们可在营养不良的石质土中生长，可通过减轻雨水的冲击来防止水土流失。在这种状况下，那些在生长蔓延时着根的多肉植物（如枝干番杏属、露子花属和日中花属）是上佳之选，因为它们会将土壤“织”到一起。要营造绿荫的话，没什么能比得上鸣户。它极易扩展蔓延但又没有侵入性，有鲜绿的、银币大小的叶子。它畏寒，不过一旦定植，在寒潮中它只有顶层的生长和正在抽出的花穗会受损。到了春天，新的生长会掩饰住冻伤的叶片。霜冻或许完全不是一个问题，如果鸣户长在树下——这给它提供了一个比露天花园暖和几摄氏度的微气候（即小区域内一套不同的气候条件）。

如果你住在多肉植物全年都能在户外茁壮生长的偏远乡间，不妨将这些植物当成你抗击林火的“军火库”中的一种武器。在野火的酷热中，即便是充满胶质的芦荟也会变黑并化为灰烬。但不同于许多乔木、灌木及草类，多肉植物着火缓慢，而且不传播火焰。这些植物的叶也不含可燃的油脂或其他不稳定的化学成分。在易着火地点典型的干燥、阳光充足的区域，能够茁壮成长并可用作隔火植物的常见多肉植物包括翡翠木、刺梨仙人掌、龙舌兰（*Agave americana*）及白云阁（*Pachycereus marginatus*），还有名字颇具反讽意味的‘火棒’大戟及木立芦荟。不那么常见的有‘防火墙’细茎芦荟（*Aloe ciliaris*‘Firewall’），由位于埃斯孔迪多（Escondido）的“水智慧植物”苗圃的汤姆·杰士（Tom Jesch）引种，它可形成一道矮生的观赏性藩篱，被证实可使火焰熄灭。

多肉植物还有个用处与它们“切勿靠近”的特性有关。我问过一名多肉植物爱好者，她家某个窗台下长着的龙舌兰是否使擦窗户玻璃变得困难了。她回答说，所有的不便都是值得的。她所住的街区发生过入室盗窃，她担心窃贼会试图从房屋最脆弱的入口——就是那处窗户——进到屋里。除了改善花园的外观之外，这些龙舌兰带锯齿的叶片和末端长长的刺也使得她安心。

让你的多肉植物保持肥厚有活力

某些多肉植物很久以前便被用于加利福尼亚州沿海及南部地区的园景中，因为这些植物几乎不需要水或者养护。我父母位于圣迭戈东北部的居所有一个大花园，大部分是人工浇灌的。定时器“叮”地一响，父亲就会停下手头上的任何事，去重新调整一个或多个洒水器的位置。他对此可没掉以轻心：在夏末的热浪中，每天的浇水漏掉了的话，许多可食植物和观赏植物就会受到危害。那些无论怎样都能存活的植物是土生土长的或肉质的，也可能二者兼具。

按照父亲的看法，翡翠木、芦荟、丝兰、龙舌兰及仙人掌是植物中的佼佼者：易打理、需水量低、全年常绿，而且免费——有朋友或邻居提供插穗的话。多年以后，当我和丈夫买下我们的房子时，后院大部分都是裸土。我们没有种植物的预算，但这没关系：我知道上哪儿去弄免费品。父亲帮我种下从他花园采集来的多肉植物插穗，但我也没对它们另眼相看。当我忙于更富挑战性的观赏植物——如玫瑰、球茎植物及热带植物——之时，翡翠木、木立芦荟和鸣户在风化的花岗岩、腐败的橡树叶层及斑驳的树荫中生长，缓慢地蔓延开来，只不过年复一年看起来差不多都是老样子。

我兜了一圈回到原处，“拥抱”我儿时就结识的多肉植物（除了刺梨仙人掌，哈哈），这是令人宽慰的。这些千差万别的植物难以归纳，尽管它们都具备储水能力。每当我遇到一种自己不熟悉的多肉植物，都会体验到交织着惶恐的兴致。它可能会是难伺候的。我首先想了解的是：它的原生地在哪里？有些来自西南沙漠，其他的来自马达加斯加、南非、欧洲或者巴西的热带雨林。我的花园，无疑还有你的，与那些地区既有相似性，也有显著的不同，关键在于如何运用原产地的信息来帮助自己。

本章是一个入门，介绍你将多肉植物从苗圃带回家或从别人那里得到插穗后该做些什么，包括相应的信息：气候、光照、越冬、浇水；盆栽混合土；如何识别和消除病虫害。我也涉及繁育，希望能启发你成为多肉植物方面名副其实的“约翰·苹果籽”*（Johnny Appleseed）——一个会将这些迷人、易打理及低需水的植物传播给家人、朋友的人。

*“约翰·苹果籽”是美国苗木培育先驱约翰·查普曼（John Chapman，1774—1845）的绰号。他将苹果树引种到俄亥俄州、印第安纳州及伊利诺伊州的大部分地区，以及今西弗吉尼亚州北部的县。

保护多肉植物免受霜冻和烈日之害

除了景天属（*Sedum*）和长生草属（*Sempervivum*）（以及其他某些属，但这些是主要的）外，多肉植物来自温暖、干燥的气候环境。虽然大多数能忍受温度低到冰点（0 ℃）或高出38 ℃（如果遮阳），但温度在7~29 ℃范围内是最为理想的。在霜冻或极度高温期间，多数户外生长的多肉植物需要在格架、遮阳布或叶影斑驳的树下被保护起来。

一个令人遗憾的错误观念就是：所有的多肉植物都喜欢沙漠环境。不错，大多数多肉植物在活跃生长（一般是春季和夏季）时喜欢大量的光照，只有极少数可在全阴处茁壮成长。但是，多肉植物——尤其是在小的时候——需要免受烈日伤害，特别是气温超过32.2 ℃时。一般来说，那些叶子为纯绿色、浅色或带有斑锦的多肉植物最易受晒伤的威胁，而那些红色、灰色、蓝色、棕色或叶刺密集的则有更好的“装备”来应对阳光。

至于室内植物，如果你住宅的窗户不防紫外线，小心别将任何植物放得离窗格太近，以免经玻璃强化的日光灼伤它的叶子。如果无法将你的多肉植物移到安全距离，并打算依然提供它们所需要的亮度，配置一层薄窗帘会是完美的解决方法。

我的花园位于圣迭戈郊区的丘陵地带，海拔约457米，花园中的温度范围通常为一月的−3.3 ~ −1.7 ℃到八月的40.5 ℃。因为在内陆，我的花园缺乏圣迭戈沿海地区对多肉植物而言理想的海洋性气候，但我还是种了这本书和前两本书里所示的几乎所有植物。我将多肉植物置于三个调节了温度的微气候中：斑驳的树荫；我房屋的硬景观或墙附近；斜坡的上部，因为寒冷的冬季空气比温暖的空气重，它是向山下流动的。

在拿不准的时候，可将多肉植物种在必要时可遮盖或搬迁的盆里。数以百种的多肉植物在盆中都长得不错，即使是那些有潜力变得硕大的，在盆里也会自然地变矮小。就如同鱼相对它的水族箱而言不会长得太大，当被限制在花盆里时，有非常多的多肉植物会保持小型。一旦种到花园中，它们的根便可以伸展，同样的多肉植物最终会达到它们的十足尺寸。

如果在你居住的地方，冬季意味着频繁的暴雨和极低的温度，那么在天气变得寒冷和潮湿的时候，要庇护好你的多肉植物盆栽。在它们的冬季休息（休眠）期间，将温度保持在15.6 ℃以下，因为它们需要凉爽的冬季温度以便在春季开花。（夏季休眠、冬季生长的多肉植物，如莲花掌属和千里光属，应在房屋里更温暖一些的区域越冬。）在冬季，多肉植物每天需要10~12小时的光照，但光照无需是广谱的——荧光灯没问题，而且经济合算。一个选择是：将植物置于地下室内带定时器的40瓦灯泡（或相同瓦数的荧光灯）下。提供良好的通风，以防止虫害，少量、最低限度地浇水，每月一次就够了。完全不用浇灌圆胖的仙人球、大戟属和生石花属多肉植物。当多肉植物苏醒并有新的生长迹象时，施入1：1比例兑蒸馏水稀释的液体肥料，每年施肥一次就足够了——虽然商业种植者会更频繁地施肥，以促进茂盛、快速地生长。一旦天气变得可靠地干燥和温暖，将你的多肉植物重新放回阳光之中，这要

▲笹之雪(*Agave victoriae-reginae*)是较为常见的耐寒多肉植物(至 -12.2 ℃),直径约 30 厘米。

◀◀ (46 页)在科罗拉多州一处海拔 2 438.4 米的岩石园,这些景天属多肉植物全年存活。它们冬天枯萎,春天复发。

逐步进行,以免它们被晒伤。

至于露天花园里的多肉植物,它们的耐受力或许会令你吃惊。那些没能杀死它们的事物使它们变得更顽强。这种不溺爱植物的做法被称为“磨炼式种植”,与类似植物在温室或苗圃的理想环境里被“温和种植”的做法相对应。这是“炼苗”一词的来源,意思是逐步地使植物适应更恶劣的环境。在一些情形里,叶子确实“炼”硬了,这使得它们更能抵御病虫害。

留意在苗圃里新的多肉植物都位于什么地方——是在全日照、半阴环境中,还是在温室里——然后将其复制,至少一开始要如此。如果它是被“溺爱”着但适宜露天花园的品种,就要渐进式地将其移植到它的终点站,每天将它额外暴露在更冷的温度或更烈的阳光下半小时。我有时会将新种的多肉植物庇护在用旧窗纱或从树上修剪下的多叶的枝条搭成的临时篷子下,或者只是将一把庭院椅搬到这些植物上面。

要记住太阳一天当中是怎么移动的,下午 1 时处于阴凉处的植物可能在 3 时的时候完全暴露在阳光下;此外,浅色的墙和硬景观所折射的光的强度可达到直射日光的一半。经验法则是:每天给多肉植物至少 4 小时的强光(通常是整个早上或下午晚些时候的日照），并在最热时段中予以斑驳树荫的遮蔽。但有的多肉植物需要少一些日照，有的需要多一些日照。影响因素包括在一年中所处时节、所在地区的纬度和气候，以及你的多肉植物是不是天生的全日照或林下植物。拿不准的时候，查阅一下该植物所需的条件，存下标签（可以是买的时候贴的标签、挂的小牌子之类的，一般会有植物习性和养护要点的简介，也可以是自己手写的简介）让这变得容易些。

在休眠期保持干燥的多肉植物比那些湿乎乎的更有机会在寒潮中幸存下来。沉睡的植物（以及根）比在活跃生长的时候更易腐烂。新西兰居民伊冯娜·凯夫（Yvonne Cave）为她的多肉植物打造了一座“白宫”，做法是将一排有弹性的塑料管弯成半圆形，两端插入地面，以它们为骨架，然后将塑料薄膜覆盖到这些管子上。这些植物保持干燥，欣欣向荣，而且由于塑料薄膜只延伸到接近地表一半的地方，她整个冬天都可以看到、欣赏她的多肉植物。越冬多肉植物另外的选择包括用防霜布（园艺中心有售）架起篷子将其遮挡、将它们放到阳畦（又称 cold frame，“冷床”）或温室中生长。

有个方法可为多肉植物在冬天提供防冻层、在夏天提供斑驳阴凉处，那就是将其种到树下。一种长得好看的树所需的条件与许多多肉植物类似：贝利相思树（*Acacia baileyana*）。我花园里有几株紫叶品种（‘Purpurea’）的贝利相思树。它们羽毛般的蓝灰色叶子尖端是薰衣草色的，重复和对比着龙舌兰、千里光、青锁龙、伽蓝菜等种属所带的颜色。贝利相思树长得快（可长到6.1米或更高），羽叶交织，耐热、耐寒（至 –6.7 ℃），容易弄到，并且相对不那么贵。

▲某个冬天，在我的花园远离建筑与树木温度调节影响的暴露区域，严霜冻掉了这株唐印的叶和主干。有足够的分生组织和根保持毫发未损，使它在接下来的春天呈现出新的生长。但是，受冻程度相同的青锁龙和石莲花则无可挽回地受损了。

▶▶ 在图森，尽管温度范围是冰点以下到 37.8 ℃以上，巨人柱和仙人掌属（*Opuntia*）仙人掌还是茁壮成长。多肉植物在成熟到可以自行对付极端气候以前，沿着岩石或在“保育植物”（nurse plant）之下生长，这为它们提供了夏季的阴凉处和冬季更温暖的微气候。

为提供阴凉而设计的结构本身就可以很美，还可生成令人着迷的光影线条。当太阳在头顶上方移动时，它们非常细微地变化着，因此是一种动态艺术（kinetic art）。在凤凰城植物园（Phoenix Botanical Garden），一组乳突球属（*Mammillaria*）仙人球之上简单的帆布结构创造出动人的波浪形阴影图案。在亚利桑那—索诺拉沙漠博物馆，我丈夫发现我凝望着头顶上板条形成的硬景观的醒目线条。在图森的托赫诺·查尔公园，当从正下方往上看时，一张张交叠的坚韧半透明织物（遮阳帆）泛着美妙的光，站在数米开外看时，这些紧绷的三角形又如同海面上的帆船那样轻快悦人。

关于你所处地区在气候上的特定挑战及如何弥补它们，具体的信息可从你附近的美国仙人掌与多肉植物协会（CSSA）分会会员那儿轻易获得（这里应该是针对美国的读者而言的）。这些爱好者已懂得如何让他们收藏的植物活着并保持繁盛，并乐于分享他们的知识。比如，一位住在博尔德（Boulder）海拔 1828.8 米处的科罗拉多州会员报告，在她的花园里成功地种植了数种仙人掌属、龙舌兰属和晚芦荟属（*Hesperaloe*）及其他耐寒的多肉植物。本地的苗圃、花园俱乐部、园艺协会和园艺大师组织（Master Gardeners）也是获得意见和建议的好地方。

▲芦荟、星球属和棒槌树属(*Pachypodium*)多肉植物在得克萨斯州奥斯汀的杰夫·帕夫拉特(Jeff Pavlat)的温室里蓬勃生长。

◀ 热带仙人掌在俄勒冈州波特兰的温室里长得丰茂繁盛。

▶ 松之雪(*Haworthia attenuata*)和其他十二卷属的多肉植物喜阴,因此是很好的室内植物。

▲在帕萨迪纳的加利福尼亚州仙人掌中心，遮阳布保护着多肉植物。理想的光照制造出模糊的阴影；如果阴影边界清晰，那阳光可能就太烈了。

◀这些石莲花显示出多肉植物的趋光性（白化），这一现象在植株形成花穗时尤为明显。如果你的多肉植物盆栽只有一面受光，那么每周将它们转动一次，以确保光照均匀和生长均衡。

应激良好的多肉植物

从绿色变为深浅不同的红色、黄色或橙色的健康多肉植物是“应激美妙”的。就同落叶树在秋天变化颜色一样，在被给予比它们所喜欢的程度更多的阳光、更少的水、更强的寒或热时，某些多肉植物的叶子呈现出温暖的色调。造成这一颜色变化的花青素（anthocyanin）也存在于浆果和水果中，并被认为是一种强抗氧化物。

我在花园浇不到的地方种上了不夜城（*Aloe nobilis*）。它们在冬天因雨水丰沛而呈绿色，在夏天因受旱而呈橙色。某些青锁龙，尤其是梦椿，在环境胁迫下会变为鲜艳的绯红色，就像相纸一样，只有暴露在阳光下的叶子才变红；其余的叶子保持绿色。许多龙舌兰的叶子仅在开花期才形成可爱的落日色调；这颜色是它们濒死时“天鹅之歌”的一部分。

▲半阴（左）和全日照（右）下的范巴伦芦荟。

▶▶ 半阴（左）和全日照（右）下的‘火棒’大戟。

◀半阴（左）和全日照（右）下的唐印。

低需水植物，不是不需水植物

尽管能在干旱的气候中靠着最低量的雨水存活，大多数多肉植物在定期浇水时表现更佳，特别是在它们生长活跃期。如果像有些人提倡的那样，直到土壤完全干透再浇水，就可能会使细小的根须脱水。其结果可能会是受旱的多肉植物停止生长，失去它的光泽，并且不会开花。（好的一面是这种环境胁迫可能会使它变成红色。）对于多肉植物盆栽，在干燥的月份，如果小盆每周、大盆每两周浇一次水，可能不会有问题。要把过量的盐分从土壤中冲走的话，就将盆浇透，直到水从底部流出。理想情况下，根区土壤应保持与拧去水分的海绵差不多的湿度。

浇水过多比浇水不足的问题更大。多肉植物的根应付不了过量水分。如果花盆或植坑的底部积水，根可能会腐烂——这一点在茎变软时显而易见。如果你想要设法挽救这株植物，就从健康的组织上摘取插穗，让切割端生成愈伤组织（植物形成一层薄膜封闭自己），然后重新种植。扔掉原来的土。

多肉植物越丰满，它储存的水分就越多，需要的水就越少。仙人掌和丰满的大戟对过度浇水尤其敏感——考虑到这些植物是那么的多汁，这毫不令人惊讶。在休眠期，任何多肉植物都有更大的腐烂风险，这些休眠植株的根几乎不需要水分。

在园中比在盆中更难防止过度浇灌。如果你所在的地区年降水量超过 50.8 厘米，那么要将多肉植物种在用浮石（pumice，一种压碎的火山岩）改良以增强排水性的堆积土壤中。如果你住在如美国南部和佛罗里达州那样的高湿度地区，与种在如西南沙漠那样的低湿度地区相比，户外种植的多肉植物需要更低频率地浇水。一个总是潮湿的环境对于干燥气候植物来说是不自然的，它助长在潮湿环境里兴盛的虫害和霉病。将沙漠多肉植物放到带纱窗、通风良好且有除湿机的阳光房是一个选择，要不然就选种那些比大多数多肉植物更喜欢水的。它们包括热带仙人掌，许多来自巴西的热带雨林；以及那些储水量极小的，如细叶的景天属多肉植物。

令人惊讶的是，不排水的花盆虽然不理想，但对多肉植物而言是可以的，前提是你给它们浇的水低于常量。关键在于只浇上足以使植株保持健康的水量。使用蒸馏水，这样盐分就不会在土壤中积累。我给不排水花盆里种的多肉植物滴灌一点点水，其频率只有给排水花盆中所种多肉植物浇水的一半。我也会在多肉植物“喘息”时——叶子失去光彩，叶端出现细小的皱纹——给它们浇水。别把不排水的花盆放在雨水或自动灌溉系统可以浇透它们的地方。这听上去是明摆着的事，但我知道至少有一个人这么做过——就是我。

▲我将不排水的花盆归在一起，以帮我记住不要过度浇灌它们。当这些仙人掌被浇灌的时候，土壤如此之干，以至于嘶嘶作响。虽然我认为这样的种植方式是临时之举，但此处所示的植物已好好地过了一年有余。

▶ 乳脂松糕盏中的沙层让人联想起沙漠和甜品。上部粗糙的沙子和石头创造出以莲花掌和像树一样的筒叶菊（*Crassula tetragona*）为主打的微型景观。设计师用漏斗（她用的是重磅纸制成的锥形纸筒）将彩色的沙沿着杯子的内缘放置。像这样的不排水组合应浇极少量的水。

◀ 你觉得这个侧芽是不是试图告诉我们什么？正如它的英文俗名所描述的——“行走的虎尾兰”（walking sansevieria，中文俗称“姬鲍鱼虎尾兰”）。

▶ 龙舌兰的每个“幼崽”都有潜力长得和母株一样大［此处为带条纹的金边龙舌兰（*Agave americana*‘Marginata’）］。“幼崽”可被挖出并处理，这是和除杂草类似的园艺麻烦事。在与其缠斗过之后，我现在只在盆里种龙舌兰——要结实的盆，因为它们生长时膨胀的根系可撑破不结实的花盆。

繁育你的多肉植物

在非洲，大象在一丛丛的马齿苋树（*Portulacaria afra*）间缓慢而笨拙地行进，折断的枝条不久之后生出根来。多肉植物——在这个问题上是所有的植物——都想要繁殖。你不需要实验室、塑料手套或者生根激素，如果一头大象可以促成一株多肉植物繁衍，你也能。

虽然大多数多肉植物都可从种子开始培育，但这要麻烦得多（更别提对你耐心的考验了：要等到它变到拇指大小，你仿佛要等到地老天荒）。除非没有其他的方法得到你想要的多肉植物，否则我不推荐这一做法。绝大多数多肉植物都可以轻易地从插穗或侧芽开始生长。

将插穗直接种到园中是可行的，但如果你一开始没有对它们稍微悉心照料一下，那它们就有被日光灼伤或有腐烂的危险。以下简单的中间步骤能提高插穗成长为健康的植根植株的可能：先使它们植根于黑色的塑料育苗盘或任何可排水的浅盘，装满盆栽混合土。如果此盘有大的缝隙，土壤可从中漏出去，先将底部用回收利用的窗纱或厨房纸巾铺上。较大的插穗可使用装上土的育苗盆。

要繁育与灌木相似的多肉植物，用刀、园艺剪或厨用剪从它们尖端以下 5.1~7.6 厘米处将茎剪下。然后，将最下端的叶片轻轻折断。将插穗置于干燥阴凉的地方，直到伤处裸露的组织愈合（生成愈伤组织）。将插穗插入装满土的育苗盘。根会从曾是叶片附着处的生长点（与马铃薯的芽眼相似）生发出来，以及（或）从表皮内的一圈组织长出来。

对于一些多肉植物，尤其是芦荟，最下端的叶

▶ 我的花园中的几乎每一样东西（包括我的狗）都是从插穗、“幼崽”或者侧芽开始长起来的。

◀ 刚从花盆里被解放出来的弗兰佐西尼龙舌兰（*Agave franzosinii*）幼株，说明就连盆栽的龙舌兰也会产“幼崽”。

▶ 带幼苗的翠花掌（*Aloe variegata*）。

片可能会枯萎变干，紧缚着茎秆不落下。剥去枯叶后，你可能会看见根或在它们之前出现的隆起。从这些部分出现处下方将茎切下，让裸露的末端“休养”一天或数天，然后将这个插穗埋至莲座叶丛的基部（最低的健康叶片处）。

如果该多肉植物的莲座叶丛不带茎，它很可能会形成侧芽——即以以下几种方式之一附着在母株上的小植株：在地下根状茎的尖端附着、沿着共享的茎附着（就像抱子甘蓝，*Brassica oleracea*），或者通过纤细的茎附着（就像在太空行走的宇航员）。当根从基部生出时，侧芽就可以被扯下、扭下、挖出或剪下了。剥去枯叶然后种植。

龙舌兰“幼崽”是作为与土壤表面平行的白色根状茎的尖端开始生长的。它们转而向上生长，在冲出土壤后变为绿色，并长成母株的迷你版。过一段时间，它们也会长出刺探情况的根状茎，然后很快就会有“孙崽”出现了。一些——尤其是龙舌兰——对此偷偷摸摸、遮遮掩掩的，它们生出的“幼崽”可能在 0.9 米或更远处才露出地面。“幼崽”可能会在邻居的院子里、小路上、斜坡上或者藩篱的另一边冒出来（仅举诸多可能地点中的数例）。

将一盘插穗或侧芽放到明亮的阴凉处，并使土壤稍带湿气。对于无根的多肉植物而言，渐渐失去光泽并显得疲弱是正常的。一旦新的根长起来并开始将水分和养料输往叶片，它们就会好起来。过 4~6 周——若是生长季则会更快——它们将生根，可被移植到花园里。

可由不断变长的茎的尖端生发的多肉植物包括石莲花栽培品种、风车草石莲花杂交品种、风车草、多种莲花掌、一些芦荟，以及狐尾龙舌兰。

▲因为这株胧月(*Graptopetalum paraguayense*)的茎充满了水分和养料，根从叶节点长了出来。像这样的枝条如果落到松散(易碎)的土壤上，它会自己生长起来。

▶ 沿着落叶生根(*Bryophyllums*，一类伽蓝菜)叶缘生长的幼株落下并生根——这就是“百子千孙”(“mother of thousands”)这一英文俗名的由来。

当新叶在莲座叶丛中心形成时，老叶子枯萎变干，也许会落下，也许不会。这些枯叶保护植物的茎秆不受严寒或暴晒之害。如果这些都不是问题，而且你喜欢整洁一些的外观的话，将这些枯叶剥去即可。然后你可在莲座叶丛下方约 2.5 厘米处将茎切割下来，让切割端痊愈，之后将其作为插穗重新种植。不要马上将剩下的“无头”植株丢弃，它可能从叶腋长出新的莲座叶丛。

如何拥有多到不知如何是好的皱叶石莲花

在玛丽莲·亨德森（Marylyn Henderson）位于加利福尼亚州欧申赛德市（Oceanside）的家中，小小的后院里满是盆栽的石莲花，以至于我只能侧身从它们旁边挤过去。在遮阳布下的多层架上是各色卷心菜大小的莲座，从有金属质感的蓝灰色到浅桃色，大多数像缎子那样光滑，但有一些带有粉末状或像肥皂泡一样的隆起。一些多肉植物的中央矗立着几十厘米高的花穗，朝着彼此弯曲，形成心形。每株植株都是完美的范本，而且我知道许多都在美国仙人掌与多肉植物协会的展会上获过奖。远至大洋洲的园艺师都来到这里参观她的收藏并摄影。

我的皱叶石莲花尽管有阔大健康的绯红色叶片，看上去可没那么辉煌。莲座顶在像真空吸尘器吸管一样的茎秆上。我把它拿给玛丽莲看，问她该怎么办。

“它需要被‘砍头’。”她回答道。她进了屋子，回来时拿了一把厨刀，从最低叶片下约 2.5 厘米处整齐地切过这株植物的“脖颈”，然后将莲座置于一个空培养盆上，底部的叶片靠在盆沿上。“让它避开日晒，”玛丽莲边说边把它递给我，“几周后根形成了的时候，把它种到盆里。”

她还建议我像照看任何盆栽植物那样照看被“砍了头”的主干。“小莲座可能会从叶腋长出来，每条茎上两到三个。”她指向几个种在盆里的桩子——我之前没注意到它们。它们每个都有一到两个婴儿耳朵大小的莲座。

在我拜访后不久，玛丽莲，这位八十多岁的孀妇，决定搬到离她某位家人更近的地方去住。她将房子挂牌出售，而由于难以运输，她把她的多肉植物收藏卖掉了。她毕生心血所获得的收入被用于这次搬迁。

我给她打电话，想知道她怎样了，问她是否想念那些植物。“这么说吧，”她爽朗地说道，“它们教你如何繁育，可不会教你如何收手。”在出售住宅所花的六个月中，她继续照料那些留下的茎，它们生了根的头部已被她卖掉了。搬家那天，玛丽莲折下那些小莲座，把它们扔到一个纸箱里，弃掉那些栽在盆里的茎秆。在她的新家，她种下这些小小的石莲花，由此重新获得了她的整个收藏。

▲一株疣突石莲花需要切除顶端。莲座叶丛的重量使得主干呈悬垂状。

▲将石莲花“砍头”只需2秒。

◀新苗从“砍头”后茎秆的叶节点长出来，它们也能生根。

插穗多久后仍葆有活力，这取决于其组织中储存水分的多少。一段数英寸（1 英寸≈ 2.54 厘米，以下沿用）长、带叶片、茎秆直径约 1.27 厘米的多肉植物插穗，若保留在明亮的阴凉处，可存活数周。由于插穗的类型不同，它下部的叶片可能会干枯脱落，上部的叶片可能会伸长，茎秆可能会卷曲，并长出胡须似的气生根。

大型、富含水分的多肉植物，如柱状的大戟及仙人掌，它们的插穗可留到数月后再种植。它们会封起切割端进入休眠状态，既不生长也不枯萎。原植株在被截去顶端后，可能会沿着切割端长出新的分枝。它们渐渐膨大，如同竖起来的、连接到花园水管上的灌水气球。

多肉植物的叶片越接近卵形（如厚叶草属的星美人，其拉丁学名被贴切地命为“*Pachyphytum oviferum*”，意为“生有卵状物的肥厚植物”），折下后就越容易从接近茎的一端长出根和珠状的叶子来。要助其一臂之力，将其置于母株之下，或置于装上土的花盆、育苗盘上。不需弄湿土壤或将叶片埋起来（以防腐烂）。就如同蝌蚪靠储备的养分维持生活——渐渐长出腿，吸收掉尾巴——幼株靠叶片供养，叶片在被吸尽后看上去像葡萄干一样。当叶子的根找到并钻进土壤里，它们将新苗固定和支撑起来，之后新苗可被浇水。

▲一片拇指大小的莲花掌叶片掉到一袋打开的盆栽土中，生出根来。

▶▶ **左**　当莲花掌的中心开始伸长时，它准备要开花了。修剪也不能阻止它。

▶▶ **右**　礼美龙舌兰（*Agave desmettiana*）是一种美丽的景观植物，但它的开花年龄往往比大多数龙舌兰低 4~6 年。

啊，看！你的龙舌兰开花了

莲花掌、大多数龙舌兰及长生草，都是一次结实植物（monocarpic），这意味着它们开花后就会死去。莲座叶丛的中心一旦开始伸长，就无法阻止它开花了，将其剪掉也无济于事，所以你不妨好好欣赏这一过程吧。对莲花掌和长生草来说，并不是植株上或群生中所有的莲座叶丛都会同时开花，因此在审美方面几乎没有损失。而龙舌兰就是另外一回事了。要移除一大株开花后的龙舌兰是颇具挑战性的，因此，在一开始就务必要明智地安置这种植物。

大多数龙舌兰要经数年才成熟、开花，并且就与植株的比例来说，花穗大得令人印象深刻。在为繁殖做好准备时，龙舌兰将其生命力注入一条芦笋般的梗中。基部的叶片枯萎，同时花梗尽力伸长，对一株巨大的龙舌兰来说，可达到帆船桅杆的高度。沿着花梗生长的蓓蕾变成了花朵，花梗可能分叉也可能不分叉，这取决于其种类。按龙舌兰品种的不同，这些花朵可能会变成数以千计的幼株（珠芽），每株都是其母株的微缩版。垂死龙舌兰的花梗最终倒下，将它的后代送到地面，其中的一些会在地上扎根并延续这一循环。

◀狐尾龙舌兰花梗上的花变成了幼株，准备好着根了。

▼龙舌兰的花梗直径可达 30.5 厘米或更粗。从垂死植株上修剪叶子使残桩看起来犹如菠萝。基部的小龙舌兰是它早前长出的“幼崽”。

▶▶ ‘蓝焰’龙舌兰未分叉的花梗拱悬于植物杂交育种者凯利·格里芬（Kelly Griffin）上方。

配土与上盆

花园的土壤对种在地里的植物来说可能是合适的，但用在盆栽中可能就太过致密了，而且它可能含有杂草草籽或病原体。在受局限的环境中，任何不够理想的因素都可能变成对健康的威胁。

你只种几盆的话，任何苗圃或园艺中心都有出售的袋装“仙人掌混合土”是不错的选择。如果你的计划不止于此，比如要种地上花畦，那么自行配置混合土则更为合算。这也在配料方面容许更大的灵活性。 土壤配方有许多种，你攀谈过的任何一个人似乎都有个稍稍不同的方子。大多数配方包含某种改良剂，以使土壤轻质化或增强排水性。我简单地将浮石和任何便宜的盆栽土混合起来。可用珍珠岩（perlite）代替浮石，实际上，有一些种植者喜欢用它。我不喜欢用珍珠岩是因为它会上浮。浮石在许多苗圃都有出售，不过我是在马具与饲料店买那种四十磅（1 磅≈ 0.45 千克）一袋的。有个品牌叫作“干马厩”（Dry Stall），是用来使马厩保持干爽的。为了促进多肉植物更快、更茂盛地生长，我可能会施加堆肥——1/3 的盆栽土、1/3 的浮石、1/3 的堆肥。

浮石或珍珠岩与盆栽土对半制成的混合土适合所有的多肉植物；事实上，大多数多肉植物可以在纯浮石或完全无浮石的盆栽土中生长。但是，肥厚的多肉植物在纯盆栽土中生长过度潮湿的可能性会更大，而细叶的多肉植物在纯浮石中则更有可能过快变干。让常理来指导你，并按照植物的情况来调整比例：多肉植物越肥厚，混合土中的浮石就越多些。例如，给仙人掌和圆胖的大戟 70% 的浮石、30% 的盆栽土，细叶的莲花掌则是 70% 的盆栽土、30% 的浮石。如果你将肥厚和细叶的多肉植物组合起来，那么简单地对半开就可以了。将土壤堆起来，把需要更多水分的沿底部种植，需要较少水分的则种到顶部。

将多肉植物从育苗盆中取出，注意不要折到它的根颈（root crown，茎与根交界的部分）。将根部梳理、展开。如果它们太长而不容易放入新盆里，或者它们卷曲缠绕，就将它们剪短。除去任何“搭便车”的杂草。“幼崽”或侧芽无需与母株分开，不过也可趁此机会将其分开。

接下来，将根球放到盆中的盆栽土上。你可能需要将植株放到盆中足够低的位置，以使盆沿形成保住水分和表面铺层的“围堰”。或者你想让植物高过盆边，也许是由其他植物或石块支撑着，给予这个构图一种更丰富的、堆积耸起的外观。如果要将根球放得低一点，刨出一些土；想垫高的话就多加一些。用土将根系掩盖，直至根颈，用指尖将其周围的土压实。下一步就是给植物浇水，以稳定根部并冲洗叶片，不过，因为多肉植物在它们的叶子和茎秆中储水，所以无需立刻做这一步。理想的情况是，先给根——特别是仙人掌和大戟属多肉植物的根——几天愈合的时间再说。

用以下方法给种到地里的多肉植物一个好的开始：先施加一次高氮肥料，接下来，除非雨水够用，否则每周浇透一次直到植株成功植根（4 或 5 个月）。如果你是在陡坡上种植，那么在植物的上方挖一个凹坑来储留水分，它会向下渗到根区。

不要让土和枯枝败叶掉进莲座型多肉植物的中心，以防这些残渣积累，让昆虫栖息或导致腐烂。

▶ 侧院是摆放盆栽桌的最佳位置，特别是它离软管龙头（hose bib）近的话。这张桌子，由兼作储物箱的管子（就是用作烟囱的那种）支撑，包含一个宠物狗美容区。

▼ 用浮石（如图所示）改良普通的盆栽土，这是制造你自己的“仙人掌混合土”轻松又便宜的方法。

如何翻新过度生长的盆栽组合

随着时间推移，一个曾经看起来整齐又紧凑的盆栽组合可能会因茎秆过长变得乱糟糟的。鉴于多肉植物可从插穗开始轻松生长这一事实，要让它重生很容易。在此描述一下我是如何翻新下图中的盆栽的。记下懒园丁的这个捷径：我让插穗在干燥的土壤中生成愈伤组织，而不是照常规做法那样在种植前将其放置于一旁疗伤数天。不过，如果植物对你来说是脆弱的，或是你想确保没有微生物进入伤口裸露的组织，那么后者是最好的做法。

1. 剪掉风车景天（*Graptosedum*，风车草与景天的杂交）茎秆的顶端（约 10.2 厘米）。将剪下的插穗放置于一旁备用。
2. 把石莲花莲座连根球一起从碗里拉出来，注意不要弄坏了内叶。剪去较低处、干枯或不好看的叶子。将石莲花放置于一旁备用。
3. 回收利用任何看起来还不错的石莲花丛，包括根在内，放置于一旁备用。
4. 将碗清空，除去旧土和原植物剩余的部分。
5. 用新鲜的盆栽土将碗装满。
6. 将石莲花的根球和茎埋进土中。这个组合是非对称的，不过你可将莲座置于碗中心。石块是个可选项，可用于压下根部及支撑新种下的插穗。
7. 将风车景天插穗围着石莲花插入土中。插入前除去插穗茎秆上较低的叶片。
8. 用景天属多肉植物把空隙填起来，用筷子将根球推送入土。
9. 最后的点缀：用小卵石或砾石将任何裸露的泥土覆盖上。
10. 浇少量水。一两周后，等到插穗生根，按你浇灌其他多肉植物盆栽的频率给这一组合浇水。

◀◀ ▼ 翻新这个直径25.4厘米的多肉植物碗用了大约5分钟。所含多肉植物为‘加州落日’风车景天（*Graptosedum* ‘California Sunset’）、‘余晖’石莲花（*Echeveria* ‘Afterglow’，又名“晚霞”），以及叶片小小的‘布兰科海角’景天（*Sedum spathulifolium* ‘Cape Blanco’）。同样的方法可用于其他莲座型及蔓生多肉植物。

我用长柄镊子移除松针、败叶及土渣。用水管冲是清洁较大型的多肉植物（如种在地上的龙舌兰）的快速又简单的方法。

多肉植物的叶片越光滑、颜色越暗，硬水残留的矿物质沉淀就越明显。如果这些白点打眼得令人不快，用蒸馏水打湿软布，擦去它们。

避免触碰那些带有天然白色粉末状覆盖物的叶子。这些粉末可没得换， 而且你会留下手指印。没了这些粉末，这些多肉植物的绿色会显得乏味。

在一些情形下，应移除被霜冻伤而变得柔软的浅灰褐色的叶子，以免它们招致根颈腐烂。但如果霜冻只是伤害了叶子的末端——芦荟和龙舌兰多是这种情况，那么等到春天再修剪，因为顶端会保护下部的健康组织。出于审美原因，与其将顶端直直地剪去，不如成角度地去剪它，以创造与叶子形状一致的尖端。

如果你需要修剪一大株龙舌兰尖锐、侵占到车道或人行道的叶子，最好将它从生长出来的地方整个剪下，与主干齐平。将叶片部分剪短会破坏植物的外观。

▲这棵‘夕映’莲花掌（*Aeonium*‘Kiwi’）的根颈比花盆边缘低1.27厘米左右。

▶▶ 这株已遭冰雹损害的风车草又被粉蚧“殖民”。当侵害如此广泛时，最好是将该植株丢弃。

病虫害防治

在蜗牛和蛞蝓（鼻涕虫）可能造成危害的地方，要保持警觉。被咬过的叶子会损害多肉植物的美观长达数年。有不计其数的蜗牛防治法可选，但最环保的是用手捉；也可用含磷酸铁（有个牌子叫“Sluggo”）的饵料；以及如果你所在的地区允许，使用捕食性蜗牛（decollate snails，斩首蜗牛）。向当地的园艺大师组织查询。

还要密切关注蚜虫、粉蚧、叶螨（红蜘蛛）及牧草虫（thrip）。蚜虫是针尖大小、占据幼嫩新生茎叶及花蕾的吸食性昆虫。粉蚧像针尖大小的棉花，藏在叶腋（叶与茎交界处）之中。叶螨在炎热、干燥的条件下繁殖得快，看起来像是红辣椒粉，并且会织网。牧草虫聚集在花上。良好的通风一般可防止这些害虫，但如果它们已经安营扎寨了，一个环保的防治法就是喷洒 1 ： 1 比例兑蒸馏水稀释的异丙醇（外用酒精）。如果遭受根粉蚧的侵害，丢弃被感染的土壤，把盆完全清理干净，从植株上摘取插穗（愿意的话），然后将植株打包扔进垃圾桶。用新土来种插穗。

介壳虫则要难对付得多。这些虫子住在棕色的硬壳里。它们呈卵形，约 3.2 毫米长，并紧附在茎秆上。除非这株植物对你来说是宝贵的，否则将它挖出，放进塑料袋，扎上口，和垃圾一起送走。你如果不忍心这么做，就用肥皂水将植株上上下下洗个遍，轻轻地把介壳虫刮下来。如果是盆栽，在洗之前先将其从盆中移出。把根冲干净，并把盆完全

◀一种影响芦荟的螨虫使组织扭曲呈泡状，并带橙色色调。

多肉植物的季节养护

在美国农业部植物耐寒分区的第8区到第11区（按年均冬季最低温划分，参见“美国植物耐寒性数据”和“加拿大植物耐寒性数据”了解更多信息），地面花园主要种植的是平均每年需要打理四次的多肉植物。这些植物可能需要间株、除枯花、剪去老的枝叶、替换那些长得不茂盛的植株、处理杂草和害虫，并拖走那些不适于种植的、剪下的部分。如果你没法自己做这些，联系设计和建造多肉植物花园的专业人士，看看他们是否提供季节性的保养和维护。

秋季 当天气转凉、白昼变短，多肉植物开始“打盹”了。除了保护它们免受霜冻和淫雨之害外，大多数多肉植物几乎几个月都不需要关注。不过，一些冬季生长的植物却醒了过来——主要是千里光属、莲花掌属及长生草属多肉植物。如果它们过度生长，茎秆光秃细长，就将它们剪短，并种植插穗。秋季也是开始种植较少为人所知的冬季生多肉植物的时候，如奇峰锦属（*Tylecodon*）、厚敦菊属（*Othonna*）多肉植物，以及某些芦荟，特别是折扇芦荟（*Aloe plicatilis*） 和二歧芦荟（*Aloe dichotoma*）。

冬季 当你的多肉植物进入休眠期，使它们保持干燥，不要施肥。如果你住在第8区或更南的区，要想好如何庇护多肉植物免受淫雨与严寒的威胁。在第5区及其以北的区，长生草属和景天属多肉植物（除了来自墨西哥叶片较大的景天）待在户外没问题。长生草喜欢干冷，因此，与其将它们的盆栽放到会被雨水浸透的地方，不如挪到屋檐下。

清理好。将其换盆种到新土里，并将植物隔离数月。另外，检查你收藏中的其他多肉植物，特别是那些在附近的，看看有无被侵害的迹象。

芦荟易受一种极小型螨虫感染，它在茎附近生成癌肿般的橙色滋生物。切除被感染的组织，并将该芦荟隔离，直到新的生长情况证明感染已经消失。把你的工具清洁干净，这样你才不会把螨虫传播到其他芦荟上。

芦荟的另一种病[也影响鲨鱼掌属（*Gasteria*）]使植株“长麻子”，产生难看的、被瘀伤般的组织围起来的黑色浅坑。在每 473.2 毫升（1 品脱）异丙醇中掺入约 30 立方厘米（两汤匙）的肉桂粉，摇匀，泡制过夜，用咖啡过滤器过滤后，将棕色的液体喷洒到这些植物上。如果这解决不了问题，你唯一的办法可能就是使用苗圃和园艺中心所售多种系统性病害防治品中的某一种。

龙舌兰象鼻虫使龙舌兰发蔫、只剩中心部分直立着。受影响的植株应被弃置，并给附近的所有龙舌兰、龙香舌兰[mangaves，龙香玉（manfreda）和龙舌兰（agave）的杂交]及丝兰施用内吸性杀虫剂，周围的土上也要施用（如果它太难移除）。遗憾的是，没有有机的防治方法。

春季　天气变暖，在室内越冬的多肉植物从休眠中醒来时，在它们渐渐变得适应于户外环境的同时逐渐增加浇水量和日照。要达到最佳的形状、生长状态、颜色，大多数多肉植物每天需要至少 4 小时的日照（除了少数几种喜阴多肉植物）。为了刺激盆栽多肉植物的生长，施用按 1 ：1 比例兑蒸馏水稀释的液体肥料。对于种在园子里的多肉植物，你愿意的话可给它们施肥，但一些专家认为这没必要。此时从春季生长的植物或夏季生长的植物——大多数多肉植物——取下的插穗生根会很快。

夏季　如果你住在美国西南地区，将你的多肉植物盆栽搬到阴凉的地方，减少它们在炎炎烈日下的时间。要记住盆越小，土可能会越快变干，特别是盆子是赤陶一类的多孔材料时。如果长生草、石莲花、仙女杯（*Dudleya*）及莲花掌将它们的莲座花丛闭合起来，以保护自己免受日晒和高温的伤害，别担心。叶子上米黄色的斑点显示出晒伤，这很少是致命的，但被晒伤的叶子不会恢复，可能会有碍观瞻。如果你出门度假前把水浇透，你的多肉植物在长达两周的时间里都没问题，只要它们定植良好、没在烈日暴晒下，并且气温保持在 32.2 ℃以下。在夏季，石莲花、伽蓝菜及小型的芦荟浇水过量要比浇水不足好（只要排水超级棒），因此可能的话，把它们放到你不在家时可得到自动浇灌的地方。

你的多肉植物怎么了?

以下是一些解决常见麻烦和状况的小窍门。

症状：叶片上有白色、米黄色或暗色的斑点。
原因：过度暴晒阳光。
补救措施：将该植株移到明亮的阴凉处。如果受损叶片有碍观赏，将其除去。

症状：有扭曲的、不开放的花蕾，新生部位上有小虫子。
原因：蚜虫或牧草虫。
补救措施：喷上1∶1比例兑蒸馏水稀释的异丙醇，并改善通风。

症状：芦荟上有癌肿般的滋生物。
原因：芦荟螨虫。
补救措施：切除受损组织；清洁使用的工具；如果该植株为盆栽，将其与其他芦荟隔离开。

症状：叶腋及莲座中心有扭曲的生长物、絮状小点。
原因：粉蚧。
补救措施：移除或隔离受影响的植株；喷洒稀释的异丙醇，并改善通风。

症状：出现附着在根部的絮状小点。
原因：根粉蚧。
补救措施：丢弃被感染的土壤；用肥皂水清洗花盆；从植株上取下插穗，换盆种到新土中。

症状：芦荟叶片上有黑色的浅坑。
原因：细菌性叶斑。
补救措施：使用肉桂喷雾，或按标签说明使用内吸性杀虫剂。

症状：叶片上有网或辣椒粉似的小点。
原因：叶螨。
补救措施：喷洒兑蒸馏水稀释的异丙醇，并改善通风。

症状：呈病态，茎上有棕色的隆起。
原因：介壳虫。
补救措施：移除或隔离受影响的植株；喷洒兑蒸馏水稀释的异丙醇，用塑料刀将介壳虫从茎上刮掉，用温和的液体洗涤剂清洗植株，然后换盆种到新土中。

症状：外叶塌下，中心直立（龙舌兰）。
原因：龙舌兰象鼻虫。
补救措施：挖出并毁掉受影响的植株；不要在该区域或附近补种龙舌兰；用内吸性杀虫剂处理附近的龙舌兰和土壤。

症状：叶片起洞。
原因：蜗牛和蛞蝓。
补救措施：手捉；放出捕食性蜗牛；使用含磷酸铁（“Sluggo”牌）的饵料。

症状：花园植物被啃到地面。

原因：鹿、松鼠、兔或西猯（javelina）啃咬。

补救措施：用鸡笼网罩将幼嫩的植株罩起来。

症状：叶子发蔫、呈浅灰褐色。

原因：霜冻。

补救措施：用防霜布将种在地上的植株遮蔽起来，直到气温超过0 ℃；将盆栽搬到庇护物下或室内；剪去坏死的组织。

症状：茎或主干湿软。

原因：浇水过量。

补救措施：从健康的组织上摘取插穗重新种植；丢弃旧土和植株。

症状：失去光泽，顶部皱缩。

原因：浇水不足。

补救措施：浇透水，之后使土壤保持与拧去水分后的海绵一样的湿润度。

症状：茎和叶变长，像被拉伸过；莲座叶丛变扁平或向下弯曲。

原因：光照不足。

补救措施：逐步给予更多阳光。每周转动一次花盆以使光照均匀。

症状：黄色、红色或橙色的叶片变绿。

原因：过度呵护。

补救措施：使植株耐受更少的水、更多的阳光、不那么肥沃的土壤。不要施肥。

症状：暗色叶片上有不规则的白圈。

原因：水滴蒸发后的矿物质沉淀。

补救措施：用蒸馏水轻轻擦拭叶片；浇水时避免溅到叶子上。

症状：石莲花、芦荟或其他莲座型多肉植物基部出现干叶片。

原因：正常生长。

补救措施：纸一般干而脆的叶片是在为茎秆遮阳隔热。不过，你如果觉得它们不美观，将它们剥去即可。

症状：茎长得难看，莲座叶丛长在顶端。

原因：正常生长。

补救措施：除去莲座叶丛基部所有干枯的老叶片，然后在健康叶片下2.5厘米处将茎剪下，把莲座叶丛作为插穗重新种植。

症状：莲座叶丛闭合或收缩。

原因：高温、干旱或寒冷；休眠。

补救措施：将盆栽移到屋檐或挑檐下以使其免受严酷的户外环境伤害。如果植株只不过是在休眠期，别打扰它们，它们醒来时会重新焕发活力。

构建靓丽的多肉植物花园和盆栽

无论你是设计、美化一个花园，还是进行盆栽编排、创造多肉植物花束，都力求以合乎美学的方式来使用多肉植物，以愉悦自己及那些和你一起分享它们的人。当你为着这个目标工作或玩耍之时，你会定义和提升你的个人风格。

本章揭开了优良设计的神秘面纱，因此当你看到它的时候会将其识别出来，并且，但愿你会受启迪而效仿它。当然，这是一件非常主观的事。我的标准通常是：我会在《日落》（*Sunset*）杂志或《美好家园》（*Better Homes & Gardens*）杂志上看到它吗？出版物展示给读者的那些构成总是在某些设计基本原则上有共同之处。这些是可以学习的。与生俱来的天资是有帮助的，但任何兴趣浓厚的人都可以成为胜任者——玩得开心，并体验创造带来的满足感。

最好的设计既牢固地根植于基本原则，又具有创新性。它与设计师的风格和谐一致，但又跟做过的那些有所区别，甚至可能会有点怪异。每次造访一个花园或苗圃，我都不知道自己会发现些什么，我的格言是：如果它是美的，那就把它拍摄下来。当我察觉到某种时尚、某个巧妙的方法，或者某个造成巨大不同的微妙润饰时，我的“触角”就会颤动起来。

某些东西是让人扫兴的。有的很明显，比如杂草，或者植株带有被咬伤的叶片和开败的花朵。另一些则不那么明显。举例来说，符合出版物标准的花园很少包含任何塑料物品，这可能会让人惊讶。（如果你什么也不做，只是把你花园里的塑料物品去掉，你就会向前迈一大步。）裸土是另一样可憎之物——而且完全没必要，当砾石、风化花岗岩或其他表面铺层都弄得到时。不过就算是裸土和塑料，毫无疑问也存在例外。

我收集艺术家设计的独一无二的花盆，但我也喜欢去二手店淘，搜寻那些可被赋予新用途、作为多肉植物花盆使用的物件。想出如何改装它们是很有趣的。不过，我的指导原则是：所有的花盆都应该突出展示植物，花盆只不过是和音伴唱的歌手。

多肉植物可能是所有植物中最乐于顺从的了，但作为活物，它们偶尔也会有自己的想法。任何大小的花园，无论是在茶杯里还是在花槽里，永远不会是静态的，植物在不断地变化。看看它们能做些什么是有趣的，瞧着它们生长、变得繁茂也是令人满足的。细细调整你的设计是其中的一部分，你一路前行时的学习也是。

◀◀ 在挑选种到花盆里的多肉植物时，需要考虑花盆的大小、形状及颜色。在这里，大的疣突石莲花和高的花盆是大小相称的。用于陪衬的植物，红色的‘火祭’头状青锁龙提供了作为对比的颜色和形状。从边上“溢出”的是弦月（*Senecio radicans* ‘Fish Hooks’），重复着石莲花的蓝色。

设计基础：规模、重复，以及对比

对你的设计能力获得信心的最佳办法是从盆栽构成开始。当你做成几个，并观察那些在照片上、别人家里、苗圃看到的构成时，你会意识到设计的基本原则是如何适用于任何花园的，无论其大小。

首先，考虑规模和比例。这意味着选择与未来安放位置相匹配的花盆，并选取对花盆来说大小合适的多肉植物——这就是第三篇中一百种首选多肉植物介绍里包含成株尺寸的原因。大花盆通常比小花盆看着悦目，但现在别太担心这个。大花盆是一笔投资，将小盆组合在一起也可产生类似的效果。

改善你达成任何成果的外观最简单的方法——从挑围巾或领带到搭配花盆与植物——就是记得重复与对比。你一旦“得到”这个概念，其他一切就水到渠成了。你会从从容容地使用色彩，再不会被诸多选择搞得无所适从。

见到同样的植物或设计元素被重复，这在审美上是令人愉悦的——如置身大圆石间的桶状仙人掌、洋红色的花盆和红色的芦荟，或是银色的石莲花与银色的‘波伊斯城堡’银蒿（*Artemisia*‘Powis Castle’）。重复使人平静。这在一定程度上是有效的，过了就变得单调乏味了，这就是该激动人心的“对比”加入进来的时候了。比如，在聚植的龙舌兰和丝兰

▶ 在旧金山家居装饰展（San Francisco Decorator Showcase）中，一个基座上的花坛与豪宅相称，并与其复古风格的建筑保持和谐一致。这一构成包含莲花掌、石莲花及日中花，以一株向下弯曲的芦荟作为焦点，它强调了碗状部分的线条。这一编排还重复了花坛的大小和形状（掉转方向）。

◀◀ 当你去购买多肉植物时，带上你的花盆。我拿着花盆在货架间走动，这样更便于看出什么植物和它相配。

中添加轻盈的观赏草会令人耳目一新。或者你可以加上某种植物，和龙舌兰喷泉似的外形及蓝灰色形成对比，如橙红色的‘火棒’大戟。

因为多肉植物的叶子包含了几乎每一种颜色，重复你所选花盆的色调是有可能的。色轮上的互补色也是有效的（互补色是在色轮上对着的颜色）。用蓝色与橙色相对，黄色与紫色相对，红色与绿色相对。重复和并列基色（红、黄、蓝）、间色（橙、紫、绿），以及粉彩色，这也是吸引人的。

多肉植物还为形状和质地上的对比提供了条件。这些植物醒目的外形包括圆柱形、球形、星形、座形、扇形、桨形及其他许多形状。质地从光滑的、亮泽的到生须的、长刺的都有。

因多肉植物叶子的形状是独特的尖形、椭圆形或圆柱形，多肉植物——或许比其他所有植物都更多地——为对形状进行边界明晰的重复提供了机会。设计师将这些和谐、反复出现的图案称为花园的“节奏”。它们有着和音乐主题一样令人心旷神怡的效果。事实上，当我看到设计良好的花园中这样的重复时，我仿佛听到了音乐。

对那些想要每样收一件、不知道额外备几份有什么意义的植物收集者，“重复”可能会是个困难的原则。但重复对于使整个花园成为一个整体而言是非常重要的。大型龙舌兰尤其说明了这一点：仅是三株同样大小、巧妙安置的龙舌兰就为景观带来了连续性，不管它的其他组成部分是什么。如果这

◀ 为你的多肉植物花园增添“高端设计感”的一个方法，是将金琥加进来。这些黄油色的球提供了美妙的质感和充满活力的球形。

▼这个完美盆栽搭配中的仙人掌是最常见的品种之一。金手指[*Mammillaria elongata*，英文俗名为“淑女指”(lady's finger)]的叶刺是无害的，它是“可爱抚”的仙人掌之一。

▼多肉植物色轮

除了各种深浅的绿色外，多肉植物的叶子几乎囊括所有颜色（除了深蓝色），包括强烈的色调和柔和的粉彩色。叶子还可呈银色、灰色、白色，以及深得看上去仿佛是黑色的勃艮第酒红色。

◀当景观小品中的植物有数种共同元素但仍体现着显著差异时，在视觉上是令人兴奋的。在这里，黑刺大戟（*Euphorbia atrispina*）的刚毛强调了'巫毒'莲花掌（'Voodoo' aeonium）油亮的叶面。颜色是绿色和栗色，形态是圆的与直立的。在春天，大戟黄色、珠子般的花增添了另一种对比/重复元素，因为莲花掌的花也是黄色的。

▲金边礼美龙舌兰（*Agave desmettiana* 'Variegata'）明晰的线条与圆柔的'灿烂'莲花掌莲座叶丛相对照。黄色和绿色被重复。

▶▶大型的巨麻（*Furcraea*）属于龙舌兰科，在一块弯弯曲曲的花畦中营造出戏剧效果。一株巨麻是可爱的，但重复几次会令人叹为观止。同时也应注意，花畦里的土是堆起来的，这比平平坦坦要有意思得多。高的植物作为较小植物的背景。芦荟（在花期中）将"叶之河"勾勒出来，并重复着巨麻多尖头的轮廓。

些龙舌兰是斑锦品种，那就更好了，它们带条纹的叶子会提供另一种重复模式。

重复并不总意味着同一种植物的翻倍。它可用更微妙的方式——通过图案与轮廓——来实现。种在龙舌兰附近的丝兰有着同样长而尖的形状，它基部一丛丛的蓝羊茅（*Festuca glauca*）也是如此。重复颜色，就像用不同乐器演奏同一旋律，也是有效的方法。将蓝松（*Senecio serpens*）、巴利龙舌兰（*Agave parryi*）、景天树（*Crassula arborescens*）和蓝羊茅组合起来，你就得到了用银蓝色咏唱的四部和声。

任何整齐排列的、直线或直角的东西都意味着人类的介入，大自然中的植物很少会成排或呈网格状地生长。一个植物间距离相等且与（比方说）道牙平行的花园往往表明屋主对植物的这一性情浑然不知。如果你发现自己也是如此，那么试着有意识地避免这么做，并看看你是否更喜欢改变之后的结果。然后，作为设计练习，种上乳突球属、星球属或是桶状仙人掌的几何形编排。这样的重复可在其简单性中带有类似于“禅”的意味，并完美地展现植物的形态。可以在你院子里的某个平整区域组成一个几何形状的花园，或是用相同花盆组成一个线形的花园——特别是如果你的住宅是现代式建筑。

◀蓝色在手指似的地被植物、金边龙舌兰及带结节的蓝灰色山影拳(*Cereus peruvianus* 'Monstrosus')上重复。形状和质地形成对比，黄颜色也是。

▶ 在一个花畦中，橙红色的'火祭'头状青锁龙与神刀(*Crassula perfoliata* var. *falcata*)相对应。红色还使得整个组成统一起来；虎刺梅(*Euphorbia milii*，又名"铁海棠")、唐印和粉红十字星锦(左下)上都有红色。

▼在按网格状栽种时，金晃(*Parodia leninghausii*)看起来很有趣。你会为它们选方形的花盆还是圆形的？答案是两种都可以。

▲种有橙红色卡梅伦芦荟（*Aloe cameronii*，又名“红芦荟”）的蓝色花盆，被同样艳丽色调的‘加州落日’风车景天围衬起来。

▶ 黄褐色的铭月与蓝色的金青阁（*Pilosocereus pachycladus*）及惠普尔丝兰（*Yucca whipplei*）相对比，后者又重复着墙的颜色。质地上也有对比：仙人掌是毛茸茸的，丝兰是尖锐的，景天是光滑的。

打造漂亮多肉植物花园的清单

- 按其尺寸、形状与预计的位置之间的适合度来衡量植株、花盆和卵石之类的增色之物。它们是否太小以致淹没于其中，或太大以致将其淹没？
- 去苗圃的时候，带上要用的花盆。在里面试放不同的多肉植物，就像试衣服一样。
- 考虑如何有效地重复或对比颜色、质地及图案，不要仅仅局限于组合的内部，也包括所处地点一些不可改变的方面。
- 如果你不想让人注意到，比如说，邻居院子里的蓝色防水布，那就别在你院子里放上相同蓝色的花盆。重复碍眼物的某些特征会让它变得更显眼。
- 不要把花园弄得像烙饼一样平，相反地，把土运进来，塑造出土丘和洼地。
- 考虑添加一个干溪床，用以导流。
- 小路不要呈直线，做成"S"形。
- 避免将植物或卵石等距摆放或者排整齐，除非你的目的就是要做成几何形或整齐的编排。
- 聚集大量的植株。单独一个莲花掌或石莲花莲座虽然可爱，但不如一丛那么吸引人。
- 将植株间的空隙用风化花岗岩、土色砾石或某种地被植物填起来，如冰花、虹之玉（*Sedum rubrotinctum* 'Pork and Beans'）、蓝粉笔等。
- 用不同大小和形状的卵石和岩石增添趣味。
- 将矮的、中等高度的及高的植株组合在景观小品里。用一种或更多大型多肉植物提供戏剧性和高度，用中型的灌丛营造繁茂度，长得低矮的则用作地被植物。
- 将更高、更大的物品摆在后方，小一些的放在前面，以营造距离错觉。
- 将一些植株藏在视线外以增添神秘性。诱使访客好奇在某个拐弯、小丘、护堤后面或峡谷深处会有什么东西。
- 那些有叶刺、细丝或叶缘半透明的多肉植物，可以放到清早或下午稍晚时分阳光会逆着照射过来的地方。吹雪柱会散发雪白的光芒，莲花掌会变成明亮的风车，'火棒'大戟将会名副其实。
- 在种植之前，了解植物会长到多大。龙舌兰的尺寸从足球那么小到大众汽车那么大的都有。某些植物如果种得离车道、大门或人行道太近，可能会变成难以移除的障碍物。
- 将形状、颜色及质地相互对比的多肉植物并列放置。试验一下，然后重新安排。大多数多肉植物的根都长得浅，易于移植，特别是小的时候。
- 在设计天井或阳台花园时，选取在材料、颜色、质地、图案、形状、风格或大小上有共通性的花盆。

▶新设置的花畦有着护道、洼地、不同高度的多肉植物，以及大大小小的石块。因为水是向下渗透的，需要较少水分的多肉植物所处位置比需要较多水分的多肉植物要高一些。

▼一年半后，同一处花畦已长满了多肉植物，颜色、高度及质地都更明显了。

创造性地使用颜色

我所有的户外家具都是我称之为“龙舌兰绿”色的。我将一片龙舌兰叶子带到油漆店，叫他们照着它配色，然后在停车场（那儿照得到阳光）评估结果，直到我满意为止。我对这种让人精神舒缓的灰绿色感到满意，这招对花园里所有的多肉植物——就这事来说是所有的植物——都奏效。

如果你更喜欢明亮的颜色，将一把椅子漆成蓝色，与开橙色花的芦荟对比；或者刷成洋红色，然后放到一片有着红色叶子的卡梅伦芦荟附近。如果你金属质地的户外家具带有铜锈感觉（呈绿色）的表面处理，不妨考虑将附近的多肉植物种到绿色上釉的青瓷盆里。

花园最重要的背景是你的住宅，所以要谨记它的颜色和建筑风格。如果它是西班牙式，屋顶铺着陶瓦，那么用赤陶花盆来重复它，或者用墨西哥产的手绘塔拉韦拉陶器（Talavera pottery）来强调它。这种陶器的设计风格强烈，应将其与醒目的多肉植物搭配。如果花盆带有斜行网纹（crosshatching），用堆叠青锁龙和长生草的菱形叶片与之呼应。

在花园里，没有什么比白色更显眼了，它如同狂欢节上的叫卖者一般向观者呐喊。红色次之。黑色与之相反，是不引人注目的，它被解读为阴影。带白色斑锦的多肉植物可用来提亮背阴处，而红色和橙色的可用来给远观中的花畦增添活力。如果花园的某部分看起来太过热烈明亮，用蓝色和绿色使它“凉”下来。如果花园外有什么碍眼的东西，那么在视线上设置一个白色或银色的焦点物。

对比越生动，整个组成就越令人难忘。将蓝色与橙色、亮红色与青柠绿色、黄色与紫色并置。把‘黑法师’莲花掌杂交品种——它们有着勃艮第酒红色的叶子和绿色的中心——与绿色的花盆组合。互补色不需要是同等强度的，试着把桃色的植物和深紫色的搭配起来，或用金色的搭配薰衣草色的。

在黄昏时分或月光下，有着银色叶片的花园看起来似乎散发着光芒。月光色调的多肉植物包括银月（*Senecio haworthii*）、轮回（*Cotyledon orbiculata*）、景天树。你可以加上‘波伊斯城堡’银蒿——一种带有羽毛般叶子的多年生植物，以对比质地。

如果花盆是钴蓝色的——这是多肉植物不具备的少数颜色之一，那么选用橙色、黄色、青柠绿色，或者结合了其中两种或全部三种颜色的植物。可选择四色大美龙（*Agave lophantha*‘Quadricolor’）、不夜城、日落芦荟、‘口红’东云（*Echeveria agavoides*‘Lipstick’）、‘火棒’大戟、铭月，以及‘安吉丽娜’景天。

如果拿不准，那就用赤陶。它是中性的，看上去跟什么都搭，包括那些引人注意的颜色和图案。

▶ 红色的花盆与‘夕映’莲花掌的叶缘相呼应，又与黄绿色的‘安吉丽娜’景天、唐印、卷绢形成对比。

◀◀ 黄色的花盆显出了堆叠青锁龙中心的颜色，叶缘的红色则与之对照。

▲左 唐印叶片所带的鳧蓝色与花盆的颜色重复，盆的形状又和叶子一样。红色和蓝色形成对比。

▲右 通常用在花盆上的赤陶，有深浅不同的橙色，从桃色到铁锈色。在这里，蓝色的石莲花和直立的折扇芦荟与浅色的赤陶形成对比。红色的红椒草（*Peperomia graveolens*）添加了活力。

▶尽管塔拉韦拉花盆很抢眼，镜狮子（*Aeonium nobile*）（一个由图案启发的选择）在吸引注意力方面也毫无问题。

▲装饰性花盆启发了对奶油色、绿色相间的‘灿烂’莲花掌及红色的‘火祭’头状青锁龙的选取。

◀绿色的花盆重复着莲花掌莲座叶丛中心的绿色，又与其勃艮第酒红色的叶端形成对比。

▶ 要使一组迥然不同的花盆统一起来，就交错搭配颜色：把一个花盆的颜色与另一个盆里的植物匹配起来。在这里，后面花盆的黄色重复了绿色花盆中翡翠木栽培种黄金花月（*Crassula ovata* 'Hummel's Sunset'）的黄色，红色盆里的翡翠珠和其他盆里的绿色植物协调一致。绿色和橙色盆里红色的堆叠青锁龙，与红色的花盆相称。

▼铜绿麒麟（*Euphorbia aeruginosa*）的茎和刺重复着花盆的线条和颜色，它的绿色与之形成对比。

十步打造丰茂迷人的盆栽花园

1. 让花盆向你传达信息，观察它是什么颜色、图案、质地的。挑一个容易被你的备选多肉植物重复的特征。例如，一株起伏不平、带槽形外观的多肉植物（如白衣宝轮玉，*Euphorbia polygona* 'Snowflake'）可重复花盆起皱的质地或有凹槽的盆沿。
2. 寻找与花盆有相同强度（淡柔或明亮）的叶片颜色。将足以填充花盆 1/4 ~ 1/3 的首选多肉植物放置于一旁。
3. 检视你所选植株的绿色。它是黄绿色还是蓝绿色？在组合的其余部分，延续这种调子的绿色。
4. 在你的第二选择中寻求对比。可以选择首选植物颜色的互补色或花盆釉彩的互补色，可以为光滑花盆选取带瘤质地的多肉植物，也可以在圆形的花盆里种上有棱角的多肉植物。如果多肉植物还带有某些与花盆或首选植物重复的元素，那就更好了。
5. 选取高的、中等高度的及矮的多肉植物，要记得对比与重复。
6. 将盆栽土填至花盆边缘下7.6~10.2厘米的地方（如果花盆比较小，填到3/4满）。将最大或最高的多肉植物从育苗盆中移出，放在土上，稍稍偏离正中。下压根球以固定它，但不要将它埋起来。根球的最上部高过花盆边缘是可以的。
7. 在你添加植株的时候，从中间往外加，那些像瀑布般倾泻而下的留到最后。把根球彼此压到一起，注意别碰伤叶子。在有伤害到植物的危险时，用筷子钝的一端来移动和固定它的根部。
8. 转动花盆边缘附近的莲座，以使它们以45° 角面朝外。需要的话，将它们的根颈靠在花盆边缘上。
9. 用较小的多肉植物盖住暴露的根球。将一个根球置于另一个之上是可以的，以做成堆积起来的、无空隙的组合为目标。小石头或鹅卵石可藏起裸露的泥土，直到植物填进来。
10. 采取吹风、用柔软的画笔掸或轻轻洒水的方式除去叶子上的土。最后一种方法也适用于根部的定植。如果你非要搬动这个新种下的编排，那要小心谨慎，以防垒在别的植株上的某株植物被震松。

为什么你真的需要石头?

大石块可有效地用作花园的焦点物，为雕塑般的多肉植物提供背景和对比的质地，散发温暖，并保持土壤中的水分。作为表面铺层(保护性覆盖物)，碾碎的石头（砾石）掩盖住裸露的泥土，阻止杂草萌芽，并有助于防止水土流失。许多种石头柔和的颜色也与多肉植物的叶子相协调。但是，被水冲光磨圆的石头出现在多肉植物花园中可能会令人在潜意识上感到困惑。（它们引起这一问题：它们为什么会在那儿？）用这样的石头铺干溪床，这溪床也可兼作进入花园的小径。要提防那些吸引人注意力的碎石，特别是白色或不自然的颜色。拿不准的时候，选用与周围地带石头类似的砾石。

以差不多相同的方式铺设更细一些的表面铺层，为盆栽花园做重要的最后润色，通过重复或对比花盆、植物的色调与质地，使某个组成统一成一个整体。在我做盆栽的区域，我存着数袋22.7千克（50磅）一袋的豆砾石和卵石。这些是从一个砖石供应商那里得来的，他们为庭园造景提供各种大小和种类的石头。其他的选择还有火山渣、半宝石、碎砖、回收的玻璃，以及筛过的沙漠沙。寻找被弃用的蚁丘，昆虫已为你把沙子筛成了一堆堆同样大小的颗粒。

要阻止盆栽土在浇水的时候从颗粒较细的表面铺层下冒出来，可在土和表面铺层间加一层沙。还有，如果你使用了碎玻璃或扁玻璃球，在黑土上加白沙会让玻璃的颜色显得更正。

▼包含碎玻璃和抛光石子的彩色什锦。

◀ 碎砖渣表面铺层重复着亨氏芦荟（*Aloe hemmingii*）沿叶缘所生棘刺的颜色，花盆的边缘增添了对比，并与植物奶油色的斑锦相呼应。

▼在这个北加利福尼亚州的前院中，大石块是重要的构成元素，也在冬天为植物创造了一个温暖的微气候。此处有折扇芦荟（右上）、其下的乱雪龙舌兰（*Agave filifera*），以及正在开花的锦晃星（*Echeveria pulvinata*）。

◀◀ 在一个垒积的盆栽搭配中，多肉植物在紫晶石之间的空隙及晶洞里安居。

▶ 这幅植物镶嵌图包含了被石板围起来的石莲花和‘绿冰’元宝掌(*Gasteraloe*‘Green Ice’)。这些石板被埋入土中，仅有窄的那面露出来。它们增添了质感和颜色，为设计创造出耐用的轮廓线。表面铺层是各种颜色的鹅卵石和沙滩玻璃。

与多肉植物相处融洽的植物

你无需被一张孤零零的多肉植物调色板限制；还有许多很棒的、有类似栽培条件的伴生植物（companion plant）存在。把耐旱的观赏性植物与多肉植物组合起来，会大大扩充你的设计选择。许多景观植物在多肉植物的最佳生长环境中也表现出色。这些景观植物与多肉植物在栽培上有几点共同要求：

- 喜欢排水良好并适度肥沃的土壤，但无需完全改良。
- 耐旱，一旦定植只需极少量的水。
- 在全日照或斑驳树荫下表现最佳（沙漠地区则为明亮的阴凉处）。
- 不希望有大量的降雨或高湿度。
- 可以忍受一点霜冻，但在温度保持在 0 ℃以上时表现最佳。
- 在温暖、干燥的地区长得繁茂。

《用多肉植物进行设计》（*Designing with Succulents*）一书有一章是专门讲多肉植物的伴生植物的。它包含近百种植物，不过，为了让你快速参考，我将我首选的 35 种列在这里。要了解干燥气候植物的生长习性及要求的更多细节，可请教当地苗圃的专家或查阅可信的园艺指南。在规划景观时，要特别注意这些植物会长到多大，然后再安置它们，确保它们将来不会“吞没”周围生长较慢的多肉植物或其他植物。

▲尽管多肉植物在逆着阳光时很美，棘刺生辉，但没有什么能比得上观赏草如香槟喷洒般的草穗，尤其是它们在风中摆动的时候。龙舌兰和柱状的仙人掌与轻盈的秘鲁羽毛草（*Jarava ichu*）相映，它是墨西哥羽毛草（*Nassella tenuissima*）的南美洲亲戚。虽然它不如后者那样易于传播种子，但最好还是将它种到不毛之地。

▼阔叶星辰花（*Limonium perezii*），原生于加那利岛（其他许多多肉植物也来自那里），形成了约 70 厘米高的灌丛。麦秆菊似的花丛在被触碰时发出令人愉悦的沙沙声，它们常被用来制作干花花束。

多肉植物伴生植物前35位名单

地被植物

垫状灰毛菊（*Dymondia margaretae*）

多年生草本植物

袋鼠爪杂交种（*Anigozanthos* hybrids）
‘波伊斯城堡’银蒿（*Artemisia*‘Powis Castle’）
凤梨科（*Bromeliaceae*）
加勒比飞蓬（*Erigeron karvinskianus*）
硬叶大戟（*Euphorbia rigida*）
花菱草（*Eschscholzia californica*）
勋章菊属（*Gazania*）
萱草属（*Hemerocallis*）
薰衣草属（*Lavandula*）
阔叶星辰花（*Limonium perezii*）
新西兰麻属（*Phormium*）
紫鸭跖草（*Tradescantia pallida*‘Purpurea’）

观赏草

蓝羊茅（*Festuca glauca*）
秘鲁羽毛草（*Jarava ichu*）

乔木与灌木

贝利相思树（*Acacia baileyana*）
长穗棕（*Brahea armata*）
布迪椰子（*Butia capitata*）
巴哈仙人掸（*Calliandra californica*）
岩蔷薇属（*Cistus*）
光亮蓝蓟（*Echium candicans*）
紫锦木（*Euphorbia cotinifolia*）
梳黄菊（*Euryops pectinatus*）
无花果（*Ficus carica*）
墨西哥福桂树（*Fouquieria macdougalii*）
银桦（*Grevillea* species）
马缨丹属（*Lantana*）
沿海花葵（*Lavatera maritima*）
油橄榄 （*Olea europaea*）
‘沙漠博物馆’扁轴木 [*Parkinsonia*(*Cercidium*)‘Desert Museum’]
分药花属（*Perovskia*）
石榴（*Punica granatum*）
木香花（*Rosa banksiae*）
鼠尾草属（*Salvia*）
银叶决明[*Senna artemisioides*（*Cassia artemisioides*）]

◀轻盈的墨西哥福桂树（右上）是多肉植物极好的伴生植物，它为花园增添了质感、高度及一丝动感。开花的时候，它的枝头会缀上亮红色的花朵。

◀ 早春时节，勋章菊和冰花同时开花了。

▼袋鼠爪杂交种轻快、毛茸茸的花朵有着旭日色调的橙色、黄色和红色，当它与千手丝兰（*Yucca aloifolia*）种在一起时，看上去棒极了。“灌丛之宝”（Bush Gems）系列中的袋鼠爪杂交种经过培育得来，可抵御曾在它们前代品种中流行的根叶病害。叶丛大小各异，从对盆栽而言理想的矮小植株到可以长至阔达 0.9 米的花园植株都有。从窄长、带状的叶子间伸出的花梗可达数英尺高。

▶ 在这个温和的海岸花园里，红色的凤梨科植物成为斑锦巨麻（左）、一层绿色的新花乙女（*Echeveria* ‘Dondo’）“地毯”，以及在盆中的斑锦章鱼龙舌兰、紫色的风车草、‘余晖’石莲花和新玉缀的引人注目的伙伴。

用奇思妙想来表达你的风格

在你获得了对自己的设计能力的信心时，考虑一下表达带有你自己风格的奇思妙想吧。奇思妙想很难被定义，因为它和每个个体一样是千差万别的。它可以简单，比如一个鸡形盆，种上让人想到尾羽的堆叠青锁龙；也可以复杂，如将丝兰种成干溪床边主干呈“S”形的增色之物。

如果一件园艺小品使得访客发出愉快的轻呼，你就知道，你已经捕捉到了这种难以捉摸的特质。不过，任何老套、过分卖萌或媚俗的东西都可能造成反效果。要记住最佳的园艺妙想是微妙的。它不是从园艺中心弄来的什么打转的或上下摆动的物件，而是你独特风格、幽默感和派头的表达。

因为许多多肉植物都让人联想到海底植物群与动物群，或是有与海贝相似的几何形状与图案，将

非传统的植物造型

植物造型是奇思妙想极好的媒介，而多肉植物非常适合用来做造型。植株可以被粘到（以莲座的形式）或插进（以插穗的形式）塞满苔藓和/或土壤的模型上。在多肉植物生根所需的几周内，它们依靠的是叶子中储存的水分。关于那些诠释植物造型技巧、带分步指南的手工装饰作品方案，以及如何粘上多肉植物的内容，参见本书第二篇。

▶一张金属花园椅上奇妙的植物造型“垫子”,它是由填充了苔藓、种着几种小景天莲座的金属网组成的。为设计增色的是翡翠珠缀成的流苏和让人联想到花卉图案的‘夕映’莲花掌莲座。

▶▶设计师劳拉·尤班克斯在一个车库甩卖(一些家庭将家中多余不用的物品放在车库前廉价卖出)中发现了这个鳄鱼植物造型架,她将苔藓和莲座型多肉植物粘到架子上,偶尔给它们喷点水,这些植物造型持续的时间长得令人吃惊。

它们组合起来可以创造出讨人喜欢的海滩主题盆景。许多小型的大戟属多肉植物尤其像海底动植物群。矮生芦荟，特别是那些在环境胁迫下变为红色的，与海星相似。某些龙舌兰看着像鱿鱼。缀化的仙人掌让人想起珊瑚。你可以用玻璃鱼、贝壳、碎玻璃、火山石（lava rock）或白沙来装饰你的“海底景致”。

▲这个真人大小的植物造型填满了苔藓，用金属丝裹扎起来。它有冰花做成的头饰，热带仙人掌猿恋苇（*Hatiora salicornioides*）做成的灯笼袖，翡翠珠串成的项链，以及长生草、回欢草（*Anacampseros*）和姬星美人“织”成的紧身胸衣。

◀ 千手丝兰看起来斜曳于一条干溪床上方。旧的叶片被贴着主干剪下，造成一种带质感的、木瓦似的效果。

▼要做出这个让人一看再看的垂直陈列，把直径 1.9 厘米的 6 号钢筋插到地面的混凝土中，做成细柱，然后将其穿过若干花盆的排水孔。把花盆摞起来，朝向不同方向，然后填上盆栽土、种上多肉植物。

▲古旧的铸铁玩偶屋澡盆成了卷绢的家，在这一场景中，它们让人联想到肥皂泡。

◀如果你在考虑除去草坪但不知道该用什么来取而代之，干吗不放上一个异想天开的焦点物呢？一个被打翻、半掩埋的花盆看上去仿佛泼出了它里面的东西：一株芦荟及莲花掌。背景中同样蓝色的花盆增添了连续性。

◀我告诉我的读者，他们也许没意识到自己有多喜欢仙人掌。随后我展示这张照片，它总是会引发微笑和愉快的惊叹。这一花盆——植物的组合完美地示范了对比、重复及奇思妙想。

▶这个赤陶盆里的“潮池”(tide pool)包含直立的‘火棒’大戟、绿色的白银珊瑚(*Euphorbia leucodendron*)、蓝色的蓝松、一株美杜莎形大戟，以及前景中的一株小芦荟、一株红色的青锁龙、铭月和京之华(*Haworthia cymbiformis*)。几块火山石增强了这种幻象。

▼一圈面包圈状的、用热熔胶粘在木质背板上的扇贝壳，被更多的贝壳与多肉植物装饰。根球位于被苔藓包裹的小土团中，在植物对整个编排而言长得太大的时候，可从花环上取下来。这些被设计师凯特·司各脱(Cate Schotl)和克里斯季·科利尔(Kristi Collye)称为“卷饼”的小土团是用鱼线缚起来的。

跳蚤市场上的发现与被改换用途的容器

二手商店、跳蚤市场及车库甩卖，是找到容器来改作多肉植物非传统“家居”的好地方。从精美的花瓶与茶杯到锥齿轮和轮毂罩，几乎所有可以装上土、压紧的苔藓并种上一株或更多植物、插穗的东西都行得通。我见过设计师将多肉植物用在松糕烘盘、吐司盒、鱼缸、白兰地杯、渔具箱、红色小拖车和喷壶里。这取决于你的喜好和你所遇到的东西。

虽然多肉植物可以忍受的东西可能会令人惊讶，但最好还是将那些提供的条件不甚理想的搭配看作暂时性的。你不必在你找到的二手宝贝上钻孔，但如果你打算将你的编排成果出售或送人，钻孔是个不错的想法，除非接收者明白种在不排水容器中的多肉植物只能浇极少量的水。

如果这个改了原用途、用来种植的物件有一个或多个空隙，或者有开放的底部，用一块窗纱把它们盖上，这样土就不会漏出来。塑料窗纱在家居装饰建材店是按卷卖的，也可在二手建材供应商处买到。杂草阻隔布也可用作衬里。多肉植物在没有土壤的情况下会坚持一长段时间。这意味着你可以把插穗放到糖罐里，它们在几周内看上去都会不错。当这些插穗开始变白（向着光拉伸）或失去光泽、开始皱缩的时候，将它们栽进盆里或种到花园里去。

如果你不想让一张抽屉或其他非传统花盆的内部变湿或变脏，用塑料布把它衬上（可用高强度的垃圾袋）。把塑料布裁剪得比盆稍大，在你种完以后，将边缘修剪好并掖进去，以便从外观上看不出来。和所有不排水的花盆一样，对它浇极少量的水。

▶ 茎呈紫色的悬垂千里光（*Senecio jacobsenii*，又名“蔓花月”）和其他多肉植物长在从拖拉机犁上回收的犁片中。卵石掩盖了土壤和根球。

◀ 一个改换用途的活饵桶（minnow bucket）里盛着风车草及风车石莲。

▶▶每个薄荷糖盒装有约一打小插穗。

弗恩的薄荷糖盒迷你花园

我现在会以新的眼光来看待装清新薄荷糖的小锡盒。弗恩 · 理查森（Fern Richardson）是《小空间盆栽花园》（*Small-space Container Gardens*）一书的作者，她将多肉植物种到小锡盒里，创造出可作为女主人礼物和聚会赠品的迷你花园。

在将多肉植物种植进锡盒前，弗恩先用锥子或钉子及锤子在底部钻出排水孔。为了防止薄薄的金属受此影响而变形，她先将盒子翻转过来，盖在一片木头上。弗恩把活页用热熔胶粘好，使盒盖保持直立，将仙人掌混合土填进盒子，然后把弹子大小的长生草、石莲花或其他插穗置于土壤之上。

数周后，它们生根并将自己固定到位。如果把迷你花园放到容易受潮的表面上，没有排水孔可能最好，不过在给植物浇水时要小心别让盒子涝了。

从弗恩受欢迎的博客“阳台上的生命”（*Life on the Balcony*）看到这一点子后，我去买了几个牌子的薄荷糖，以便得到可用于栽种的小盒子。不过任何带活页的容器都可以，只要它是防水的。廉价店出售带盖的锡盒和匣子，通常比一盒新的薄荷糖便宜。

收藏级的多肉植物种进收藏级的盆

说到一级棒的多肉植物被种在画廊级品质的盆里并以可堪获奖的艺术性加以展现，没什么能比得上美国仙人掌与多肉植物协会（CSSA）的会员们拿出手的东西了。该协会于 1929 年在帕萨迪纳市成立，在全世界拥有 80 个附属俱乐部及数以千计的会员。协会的附属机构在全美范围内举办展销会。取决于俱乐部的安排，展销会可能是每年一到两次，并欢迎公众参加。展览主要是关于可供收藏的植物，会员们展示稀有、倍受推崇且品相完美的多肉植物。

除了这些令人惊叹的植物外，你还会看到那些衬托多肉植物并将它们完美呈现的花盆——这是一种叫作“铺陈”（staging）的艺术形式。这不同于那些将几种多肉植物以让人联想起插花或者园艺小品的方式组合起来的盆景。铺陈好的花盆只容纳一株植物，通常会组合上石头及表面铺层。但如果这些元素或是花盆过度铺陈了植物，就可能会被展览评审认为是减分项。做得好的铺陈不会将注意力吸引到它自身上，而设计的基本原则仍是适用的。

在展览上陈列的诸多不寻常的多肉植物中，有些植物从一堆看似香肠的东西顶上生出非肉质的叶子。这些是块根植物（caudiciform）——将水分储存在膨大根块内的多肉植物。要为展示而将这些根准备好，需要技巧、耐心、知识，以及创造性。根需要被逐渐抬高出土表，每次换盆时抬高一点点。从未暴露在空气和阳光下的表皮必须变得适应环境。在决定保留哪条根剪去哪条根、选取恰当的花盆、固定植株，以及选择、安排石头和表面铺层时，艺术性就会体现出来。

把收藏级的多肉植物种进收藏级的盆里，这是一个新兴的潮流。在同样大小的空间里，这样做会具有双倍的视觉吸引力。除了种植者和苗圃业主外，CSSA 展销会上的卖家还包括制盆艺术家，他们制作专门用于展示仙人掌和多肉植物的花盆。这些盆往往是大地色系（earth tone）或上哑光釉（通常为蓝绿色）的，很少有亮锃锃的。由于铺陈的目的之一是呈现出植物在自然生长的情况下可能具备的形态，花盆可能会拥有朴素的质感或形态自由的外形，它们或许会让人联想起岩石的裂隙。

◀在它的自然生长地，这株块根植物被埋至其根颈（那些蔓生茎长出来的地方）。其拥有者、CSSA会员基思·基图依·泰勒（Keith Kitoi Taylor），制作了他的花盆——它更好地展现了他获奖的植物收藏。

▼在洛杉矶植物园（Los Angeles Arboretum）举行的CSSA展销会上，一株获奖的唐金丸（*Mammillaria canelensis*）在它所占据的盆中看起来完美无缺。

▲查尔斯·鲍尔和戴比·鲍尔（Charles and Debbie Ball）所制的花盆看起来犹如连植物带其他东西一起从大地中掬出一般。微妙的重复包括：釉色和‘克劳迪娅’青锁龙（‘Claudia’crassula）的蓝绿色，植株的蓓蕾和粒状麦粉（Grape Nuts，一种早餐食品）似的表面铺层，裂纹釉与植物棱角。

◀◀制盆人唐亨特（Don Hunt）将火星人（*Fockea edulis*，桑科中的一种块根植物）种进他风格天然、形态自由的盆里。

多肉女王的花园
多肉养护及设计精要事典

第二篇

多肉植物
手工装饰作品

如果你知道在花束、餐桌中心摆饰、植物造型及其他用花卉和器皿进行的创作中使用多肉植物有多容易，你可能会感到惊讶。花艺师把莲座型多肉植物用作玫瑰相似物，它们保持鲜活的时间久得多。多肉植物插穗，由于它们能封闭自己并在无水无土的条件下存活，因此用途特别广。专业的花园设计师、花艺师及苗圃业主将多肉植物塞进、用铁丝连接到或别到他们的植物组合中——这些是在水和土壤难搞或不必要时尤其有用的技巧。最令人惊叹的技巧也许是花园设计师劳拉·尤班克斯所使用的苔藓粘胶法，她笑称自己可以将多肉植物弄到任何东西上（而且她确实做到了）。

对于每个手工装饰作品，你可以找到工具、材料和植物清单，可以使用替代品——事实上，这是值得的。如果因为无法获得某种多肉植物就不做某个吸引你的作品，那就太让人惋惜了。在你将植物清单带到苗圃去的时候，把拉丁学名也列上。这是植物分组的通行方式，并且如果苗圃——打个比方说——卷绢脱销，长生草属中其他类似的多肉植物很可能会符合要求。

避免用手触碰叶片。一旦破相，肉质的叶片会永远带着损伤。应通过茎部持取莲座和插穗，如果没有茎部，那就托着叶片的底面。那些有粉状覆盖层的叶子经手触碰会显出手指印，并且这些粉末不会再长回来。莲花掌的叶子对粗鲁的操作尤为敏感，第二天就会显现出暗色的皱痕。风车草、新玉缀及许多其他多肉植物的叶片都容易脱落。每当听到那细微的咔嚓声，我都会一哆嗦。

不过，你对根部则无需如此温柔，许多多肉植物没根也能活一段时间——至少两周。在我的盆栽研习班，我有时会抓起一小盆漂亮的盆栽石莲花，随着一个旋转，发出令人满意的“咔嚓”一声，将它从它的根部及培养盆上拧下来。单从观众惊愕的面容来看，你可能还以为我拧下的是一只小鸡的头。不带根的莲座叶丛可被用于花束或餐桌中心摆饰。一周甚至是一个月后，我会将编排拆散，把多肉植物种起来，它们毫发无损。

最重要的是，你会玩得很愉快。享受这些手工装饰作品的乐趣，和朋友或家人一起做。我有一个女性朋友，每年她生日那天都会要求我们用多肉植物做点东西。她和另外两位朋友一起上我家来，在放着多肉植物的区域里，我们一边在桌旁操作一边聊天。虽然我是“专家”，但每个人都给手工装饰作品带来了她自己的风格和品位。最后的结果总是超出每个人的期望。你也会体验到这一点的。

看看多肉植物的潜能是否会令你吃惊。希望这些构思在你的创造性和你的独特风格之间架起一座桥梁。

◀◀ 设计师琳达·埃斯特林（Linda Estrin）将一株正在开花的泽米景天（*Cremnosedum*，为杂交属）塞入盆中的‘葡萄’风车石莲（*Graptoveria* ‘Amethorum’）间，这个盆是她用金属网做成的。

作为餐桌中心摆饰的多肉植物蛋糕托盘

由加利福尼亚州威斯塔市

萝宾·福尔曼（Robyn Foreman）设计

难度：简单

长期以来与多层蛋糕联系在一起，基座之上的托盘还可用于展示另一类养眼之物：餐桌中心摆饰。你可完全使用多肉植物来设计这个组成，但鲜艳的花朵会增添一丝节日的感觉。纯花朵的蛋糕托盘摆饰也是可以的，但加上多肉植物会增加趣味和持久性。当花朵凋谢后，你就可选择原样保留整个组成其余的部分，然后用鲜花将凋谢的那些替换掉。

因为有大范围的花材可供选择，要想知道从何处着手可能是有点令人望而却步的。你可以一开始用皱叶石莲花作为焦点物，然后选取那些跟它重复或形成对比的元素。或者从当令花卉、你活动的主题和颜色上获得灵感。

如果你使用的多肉植物是有根的而非插穗，愿意的话，你可以保留根球，但别让它们显现出来。如果不容易掩盖，最好还是将它们除去。多肉植物还是会比鲜花持续得久，并还可以作为插穗种植。

对于较高的中心摆饰，可在升高了的基座之上创造一个类似的组成，然后加上倾泻而下的翡翠珠或吊金钱。要做成同样赏心悦目的、更松散一些的花束的话，不要使用花泥，而是将鲜花和绿色植物插进金属丝或玻璃的剑山花插（floral frog）。

注意：花艺刀弧形的刀片对于紧贴茎秆并将其整齐切开很有用。但是，如果你吃不准该如何使用这一锋利工具，请使用园艺剪，以免受伤。

◀◀ 一个蛋糕托盘上的中心摆饰，以石莲花和黄色的毛茛（*Ranunculus japonicus*）为主打。右上方长生草的红色，以及左上方‘火祭’头状青锁龙顶端的红色，重复着皱叶石莲花叶缘的红色。右下方玉凤蓝色的莲座叶丛与花朵的形状相呼应，制造出显著的颜色对比。陪衬的花包括青柠绿色的克米特菊（‘Kermit’ mum）及明黄色的金绣球（*Craspedia globosa*）。

▲在汇集你的材料时，选取可吸水的那种花泥，而不是用于干插花的那种。

材料

- 园艺剪或花艺刀（如果你能熟练使用）
- 直径约 30.5 厘米（12 英寸）的玻璃蛋糕托盘
- 几把绿苔藓
- 花泥
- 12~20 枝切花，直径 5.1~10.16 厘米、茎秆结实
- 12 株左右莲座，以及其他彼此之间或花卉的形状、颜色之间有某些共同之处的多肉植物。将一些可提供美观对比的多肉植物也纳入考虑范围，如有毛茸茸的质地或尖锐叶片的

▲潮湿的苔藓包围着使切花保持新鲜所需的、可涵养水分的一方花泥。

▲在将多肉植物从培养盆中取出并除去泥土后，将它们安排到盘面上，从最大的开始。

1 把花泥浸入水中直至吸水饱和。将其切成方块，放到托盘上偏离中心的位置。

2 把苔藓浸入水中，一段时间后捞出，挤压以除去多余水分，然后将其放在花泥周围。

3 将切花的花茎插入花泥顶部及侧面，以使花泥的棱边和朝外的面被遮蔽。花瓣可接触或重叠。

4 把多肉植物从它们的培养盆中取出，抖去根部多余的土（或移除根部）。

5 把多肉植物安排在盘面上，从最大的开始。用较小的多肉植物及另外的花填充进来。

6 以做成外形像翻扣的碗那样的编排为目标。沿边缘摆放的莲座型多肉植物应朝向外面，以使整个组成从每一侧看起来都不错。

7 如果花朵颜色鲜艳，那么在整个编排的另一侧重复它们的颜色，以获得连续性和平衡感。理想的做法是：使用小一些的、同样颜色但大小或形状不同的花。不要将它们挤在一块儿，而是让它们星罗棋布。

8 如果没被插入花泥的花或绿色植物有枯萎的危险，将它们的茎插入拇指大小、从花泥块未被使用的部分上切下来的小块浸水花泥。

◀与石莲花莲座同心性相呼应的黄色毛莨，加入到被花泥固定就位的纽扣菊（button mum）中来。

养护

苔藓和花泥中的水分大约会使花朵保持新鲜一周，也许更长。即便如此，几天后要检查一下。如有必要，往托盘中加水，花泥会将其吸收。

◀ 最后的编排方式是中心高、边缘低。留意设计师萝宾·福尔曼是如何对比和重复形状、质地及颜色的。

多肉植物方阵

由加利福尼亚州奥克帕克（Oak Park）琳达·埃斯特林花园设计（Linda Estrin Garden Design）琳达·埃斯特林设计

难度：简单

洛杉矶地区的花园设计师和多肉植物花艺师琳达·埃斯特林通过将多肉植物种植在正方形花盆里的方式来展示它们的对称性。由于一致性在几何构成中很重要，她通常选取外观相似的长生草或石莲花莲座。琳达将它们按三连棋游戏“井”字格般的图案种植，然后用某种叶片更细的多肉植物将花盆的其余部分填上，这种多肉植物提供对比和重复的元素。她通过添加第三种多肉植物来为这个组成“签名”，这第三种多肉植物与其他两种在各方面都相得益彰，被她置于中心莲座的一角。最后这个偏离中心的元素带来了一丝奇妙感。

正方形的花盆在较大的园艺中心、苗圃及网上有售（在搜索引擎里键入“正方形花盆”即可）。它们应该是7.6厘米深或更浅的，任何更深的东西对于松糕大小的石莲花和长生草而言都是不合比例的。（对于正方形的花盆，更好的选择是单株多肉植物，其根部会填到花盆深度的一半或更多——一株芦荟或龙舌兰或许合适。）

埃斯特林自制她的花盆，包括心形的那些，用的是家居装饰建材店所售、网眼边长约为1.27厘米的铁丝网（又名方眼网或五金网）。凭借她的缝纫经验，她将铁丝网裁剪折叠，然后把几个角用铁丝扎起来。为了装土并添加装饰元素，她用各种颜色的无纺布把盒子衬起来，如果完成的组合是一件礼物，她可能会在侧面扎上丝带。

◀◀ 众多可行的正方形组合之一，它包含了带红色叶片的多肉植物：‘俄亥俄人’长生草（*Sempervivum* ‘Ohioan’）、带花蕾的小玉（*Cremnosedum* ‘Little Gem’）及‘火祭’头状青锁龙。

◀ 一个正方形组合可选用的植物包括带刺的大和锦（*Echeveria purpusorum*）和作为对比的、质地较细腻的壁生魔南（*Monanthes muralis*）。红叶的红椒草或许会增加颜色和对比。

材料

· 正方形花盆，边长 20.3 厘米、5.1 厘米深

· 筷子

· 长柄镊子

· 5 株红绿色的长生草或石莲花莲座，栽种在直径 7.6 厘米（3 英寸）的培养盆里的

· 4 盆 7.6 厘米（3 英寸）盆栽的、叶片更细的多肉植物，它们重复或对比较大莲座的颜色

· 盆栽土

▲琳达折起无纺布，使它大小适于铁丝盒的内部，然后用订书钉把它固定到位。一块正方形的窗纱既有助于保持盒的稳定，又不妨碍排水。

1 如果土壤干燥、松脆，将其弄湿以使其黏合到一起。

2 将土壤装到盆的底部并压进四角，装至1.27厘米的深度。

3 为四角选取四个规格一致的莲座，第五个即是放到中心的（它可能会和其余的莲座稍有区别，不必是最大的）。

4 将莲座从它们的盆里取出来。从根球底部除去足够的土壤，以使低层的叶片和盆沿齐平。

▲把土装到1.27厘米深。

5 把莲座放到盆里，每个角各放一个，第五个放在中心。

6 将叶片较细的多肉植物从它们的盆中移出，用来填上四边剩余的空缺。

7 用筷子钝的一端将更多的土壤压进植株间的空隙。

8 用长柄镊子或干画刷除去落进莲座叶丛的土。

9 给组合轻喷少量水，以清洁叶片并使根定植。

◀按“井”字图案添加植株，然后用盆栽土填充空隙。

养护

给予明亮光线但不要直晒阳光，这样植株既可保持它们的颜色，又不会被晒伤。如果长生草从红色变为绿色，并且低处的叶片向下卷曲，就表明它们得到的光照不足。这些多肉植物尤其容易烂根，因此要“保守”地浇水，约每两周一次。如果你碰巧损失了一株莲座，将其取出并更换。

▶ 四种设计显示出正方形构图可以何等地多样化。

方形盆盆栽多肉植物的其他组合

·'夕映'莲花掌,以'三色叶'景天(*Sedum* 'Tricolor')为陪衬。

·四色大美龙,以雅乐之舞、'安吉丽娜'景天或黄金丸叶万年草为陪衬。

·不夜城,以虹之玉为陪衬。

·'腮红'芦荟(*Aloe* 'Pink Blush'),以红椒草为陪衬。

·玉凤,以'龙血'景天(*Sedum spurium* 'Dragon's Blood')、'蓝云杉'景天(*Sedum* 'Blue Spruce')或数珠星(*Crassula rupestris* 'Baby's Necklace')为陪衬。

·紫珍珠(*Echeveria* 'Perle von Nurnberg'),以虹之玉锦(*Sedum rubrotinctum* 'Aurora')为陪衬。

·乳突球属仙人球,以星球属仙人球为陪衬。

·卷绢,以姬星美人或翡翠珠为陪衬。

有生命的图画
垂直的花园

由爱玛·阿尔波（Emma Alpough）与

德布拉·李·鲍德温（Debra Lee Baldwin）设计

难度：简单

如果一处重要的风景——比如你厨房的窗外景致——只是一道别无他物的篱笆或墙，或者你想为有顶通风过道、凉廊或花园园门增添趣味，一幅或多幅“有生命的图画”或许正是你所需要的东西。罗宾·斯托克韦尔（Robin Stockwell）是旧金山附近“多肉植物花园”苗圃（Succulent Gardens nursery）的主人，以这种“有生命的图画”闻名，大大小小都有。此处所示作品用到的框架种植箱是由斯托克韦尔创新和销售的。

这个构思很简单：你需要一个可装土又不怕水的浅箱子，它打开的一面（前面）用网眼边长为 1.27 厘米的铁丝网罩起来，这种网在家居装饰建材店有售。把土压进网眼、填充箱子。将莲座安放到网的上面，或将茎秆穿过网眼插入土壤。几周后，会有无数线状的根从每株莲座的底部冒出来。在根寻找土壤时，它们会缠绕着铁丝网，将植株牢牢固定。在这之后，你就可以把这幅图挂起来了，或者水平地展示它，把它放到户外的架子或壁架上，或者将它立起来放到桌子上。

重力作用会使土壤下沉，并且体积越大重量越大，因此箱子最大的尺寸是 45.7 厘米 ×61.0 厘米。更大的“垂直的花园”最好用预制的带一排排单独种植隔间的塑料容器。它们可让水向下渗透，并且是带角度的，所以土不会掉出来。另一个选择就是将几个种好的框架排放在一起，营造出更大型的外观。

长生草、小型的石莲花[如姬莲（*Echeveria minima*）和月影（*Echeveria elegans*）]、莲花掌[如‘夕映’莲花掌或红缘莲花掌（*Aeonium haworthii*）]，以及大多数的景天属多肉植物都会保持小型，对整个编排而言不会长得过大。罗宾建议将卷绢与红色叶尖的凌樱（*Sempervivum*

◀◀ 两幅已完成的“有生命的图画”并列在一起，显示出可能的多样性：爱玛的那幅有着蓝色和粉红色的石莲花及正在开花的伽蓝菜；我的以红色的‘火祭’头状青锁龙为特色。两个组合都包含了弹子大小的石莲花与长生草莲座。

calcareum）相对比，紫红色的紫珍珠和蓝色的七福神（*Echeveria secunda*）相对比。一个主打的焦点物，比如一个较大的莲花掌或石莲花莲座，如果在稍后长得过大，可被取出并更换。如果你使用正在开花的插穗，那么每个插穗都需要附有一对叶子以便生根。

先在某个平坦的表面上规划好你的设计，或者干脆像我们那样，边做边创造。它可以是形态自由的或带条纹的、有几何图案的，也可以描绘出一颗星星、一只蝴蝶，甚至可以是某个人名字的首字母。同样令人愉悦的还有“S”形的“植物之河”，被那些带对比色的植物围绕。一旦你汇集、准备好植物并将框架装上土，创造一个组合会进行得很快——此处所示的每个组合花了大约 10 分钟。

材料

- 从“多肉植物花园”苗圃购买的预制框架种植箱（你也可以自制，参见 136~137 页）
- 盆栽土
- 餐叉
- 筷子
- 足够多的小型多肉植物莲座或插穗，用来遮蔽掩盖铁丝网。此处所示 30.5 厘米 ×15.2 厘米的框架平均每个使用了 68 株莲座或插穗，直径从 1.3 厘米到 6.3 厘米不等

◀爱玛的蓝－紫－黄组合用了60株莲座或插穗：

· 5株紫珍珠莲座（直径1.3 ~ 6.3厘米）
· 10株姬莲莲座（直径1.3 ~ 6.3厘米）
· 12株风车景天插穗
· 15株长生草莲座（平均直径1.3厘米）
· 18株伽蓝菜插穗[开黄花的长寿花和紫色的白银之舞（*Kalanchoe pumila*）]

◀我的红－蓝－绿组合用了75株莲座或插穗：

· 5株'夕映'莲花掌插穗（直径2.5 ~ 5.1厘米）
· 6株小顶塔（*Crassula caput-minima*）插穗（平均直径3.8厘米）
· 12株'火祭'头状青锁龙插穗（直径2.5 ~ 5.1厘米）
· 20株卷绢莲座（直径1.3 ~ 2.5厘米）
· 32株姬莲莲座（直径1.3 ~ 2.5厘米）

▲"有生命的图画"可能用到的多肉植物包括长生草、石莲花、伽蓝菜（正在开花的）、景天及莲花掌。这只是一个样本，还有很多其他种类的也可选用。

◀◀这个种植箱不是密不透水的——这是好事，因为你也不想它里面积水。

1 首先，将多肉植物准备好。将长生草侧芽从母株上取下，并将它们脐带状的根修剪到恰好低于底部叶片的地方。从小型的石莲花、莲花掌、伽蓝菜及翡翠木上取下插穗，在最低的叶片下保留约0.6厘米长的茎。剥去莲座底部所有干枯、纸一样的叶子。将莲座及插穗放置一到两天，使伤处裸露的组织痊愈。

2 如果框架刷清漆或油漆后看起来最好，那么在种植之前刷。在背后加螺丝眼或相框吊线也是如此。在顶部和底部加上这些，让你可以转动框架以获得均匀的光照。

3 用指尖揉搓盆栽土，使其通过网眼填充箱子。不要压得太用力，以免网罩松脱。在工作台面上轻敲箱体，使土壤下沉到位，然后继续添加盆栽土，直至与铁丝网齐平。在将更多的盆栽土压进网眼时，使用餐叉将铁丝网稍稍挑起，小心别将网眼拉出框架。你可以用筷子较钝的一端捣实泥土。

▲在将盆栽土压进网眼中并在桌面上轻敲箱体使土壤下沉后，用餐叉把网挑起一点点，这样更多的盆栽土可被加到下面。盆栽土应该尽可能地贴近网面（而不将其盖住），这样植株易于植根。

4 当你在网眼里安排莲座的时候，不要把注意力放在填满正方形上，而是要考虑怎样用令人喜爱的方式排列这些植物。叶片应几乎不彼此触碰。当没有网眼显露出来的时候，你就完工了。评估成果，并重新安排这些植物，直到你满意为止。

5 在种完后，使花盆保持水平，置于明亮的阴凉处。多肉植物在形成根以前有一些皱缩是正常的。一旦它们能吸收水分，就会安然无恙。

6 一周后，轻轻提起一株莲座，看看它长根了没有。如果没有，再等一周，然后再检查。在根形成后，给箱子浇水，刚够湿润土壤就行。到第二天，植株就会丰满起来，恢复光彩。

7 当轻轻的拉扯不会使植株移位时，你就可以将这幅“有生命的图画”挂起来了。水分会从种植箱渗出，并在后面和下方聚集，因此，要将箱子后面和下方任何不防水的表面保护起来。将它陈列在通风良好、有早晨日照或斑驳阴影的地方。

▲在插入茎秆插穗的时候，用筷子尖的一端在土壤中戳出小坑。

▲爱玛完成的组合包括淡紫色和黄色的伽蓝菜花朵。

养护

将箱子放平浇水。在土壤几乎变干的时候适量浇水——夏天约每周一次，冬天每月一次。不要过度浇水。

自制框架或赋予旧画框新用途

如果手巧，你可以自制种植框。按罗宾・斯托克韦尔所言，要做一个边长 30.5 厘米的正方形，你需要 4 条长度为 30.5 厘米的 1.27 厘米 ×1.27 厘米红杉木或雪松木，在拐角处以 45° 角斜接。沿着内侧做一道槽，位于正面下方约 0.95 厘米处并与四条边平行。这个 0.6 厘米深的沟槽与锯片等宽（0.16 厘米），可嵌下边长 29.2 厘米、网眼边长 1.27 厘米大小的网（金属网）。另一道接近背面的平行的槽嵌着背板，它可以是一块薄塑料板，也可以是一张 0.95 厘米厚、边长 30.5 厘米的船用胶合板（海洋板）。将这些用订书机或防锈钉组装起来。

对于无土的那些选择，在廉价店搜寻那些本身没什么价值但让你喜欢的带木质画框的图画。它的深度应足以装下一层至少 2.54 厘米厚的苔藓。剪下与画框尺寸相同的网和胶合板。用订书机将网钉到框的背后。在网和胶合板间塞进尽可能多的苔藓，

以制成一层密实的垫子。（我们用了一包 6.8 立方分米的绿苔藓，做成了 20.3 厘米 ×25.4 厘米、3.8 厘米厚的垫子。）用订书钉、钉子或螺丝将胶合板固定到画框上。汇集并准备你的插穗，保留约 1.27 厘米长的茎，然后在种植的时候用筷子或毛衣针在苔藓上弄出洞来。遵循与“有生命的图画”相同的养护指导，让苔藓仅保持稍微湿润。

使用本部分稍后介绍的“以多肉植物为顶的南瓜”中所描述的苔藓粘胶法，你还可以把多肉植物莲座直接粘到一幅图画上（或粘到从框中露出来的胶合板上）。或者将图画换成你确实喜欢的，然后将苔藓和多肉植物粘到框缘而不是框里。每样东西都应该经得起每周喷数次的水。

◀◀ 用 5.1 厘米 ×5.1 厘米的红杉木或雪松木条、铁丝网，以及某种背板（此处为一块质量轻的塑料板）来制作你自己的种植框。

◀ 旧画框可被改造并用于“有生命的图画”。我把这个从廉价店买来的画框刷成绿色，以匹配我户外的家具，然后用青铜色将它做旧。

弱光盆景

由加利福尼亚州索拉纳比奇市（Solana Beach）
“时尚野草”（Chicweed）乔恩·霍利（Jon Hawley）
设计

难度：简单

作为喜光植物，大多数多肉植物都喜欢在户外的全日照下生长，或者至少是在明亮的阴影中。但某些多肉植物在弱光环境下过得挺好，这使它们成为室内编排或户外荫蔽区域的好选择。这些植物相互搭配起来看着也不错，提供了各种各样的形状与质感。

乔恩·霍利的弱光盆景将虎尾兰（*Sansevieria trifasciata*）、长寿花、带斑锦的芦荟及宝石般的十二卷属多肉植物组合起来。虎尾兰因其高度而地位重要，因此它们统领着组合里的其余植物，那些植物重复着它们的特点或与之形成对比。因为从设计的角度来看，伽蓝菜的叶子不如花那么重要，所以乔恩确保让花朵显现出来。

这个编排包含前景中的一片沙区。这样的负空间营造了一种距离上的错觉，将观者吸引过来。往后走植材渐渐变高。“我想让你感觉自己仿佛正在从海滨走向山岳。”乔恩说。

◀◀ 乔恩·霍利的盆景有着对浅绿色、深绿色、浅黄色，点、条纹、锯齿形线条的重复。珊瑚色和玫瑰色的伽蓝菜花则带来了对比。

适于弱光环境的多肉植物

大部分喜阴多肉植物都带着绿色和黄色的色调。长寿花（*Kalanchoe blossfeldiana*）和重瓣长寿花（*Kalanchoe blossfeldiana* ‘Calandiva’）在为喜阴多肉植物调色盘提供更大范围的颜色方面很有用。这些植物被广泛地杂交，成为最佳的易打理低需水室内植物，并绽放出各种暖色调的繁茂花簇。在它们含苞待放的时候买回来，然后可享受六周不间断的鲜花色彩。种在园中的长寿花会反复开放，但在室内可能不会再开花，除非是被种在照得到阳光的窗户附近。

虎尾兰也是很棒的室内植物，能够忍受忽视和暗淡的光线。所有的虎尾兰都有尖锐的锥形叶子。它有许许多多不同的种类，从高而呈圆柱形的到矮而呈楔形的，从浅绿色到深绿色或带斑锦的。

其他的弱光植物选择包括缀化多肉植物，或者那些喜阳植物带黄色或奶油色条纹的，其中包括不夜城、狐尾龙舌兰及熊童子（*Cotyledon tomentosa*）的斑锦品种。

为高度而用

莲花掌（*Aeoniums*）绿色或带斑锦的品种（黑色的需要全日照）

长寿花（*Kalanchoe blossfeldiana*）各杂交品种

圆叶虎尾兰（*Sansevieria cylindrica*）

虎尾兰锦（*Sansevieria trifasciata* ‘Variegata’）

小到中型的陪衬植物

缀化多肉植物

鲨鱼掌属（*Gasteria*）

猿恋苇（*Hatiora salicornioides*）

十二卷属（*Haworthia*）

长寿花各杂交品种

椒草属（*Peperomia*）

虎尾兰带三角形叶片的栽培品种

黄金丸叶万年草（*Sedum makinoi* ‘Ogon’）

悬垂植物

吊金钱（*Ceropegia woodii*）

球兰属（*Hoya*）

丝苇属（*Rhipsalis*）

翡翠珠（*Senecio rowleyanus*）

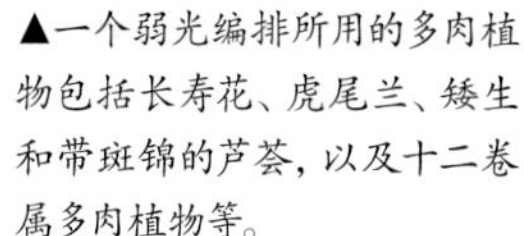

▲一个弱光编排所用的多肉植物包括长寿花、虎尾兰、矮生和带斑锦的芦荟，以及十二卷属多肉植物等。

材料

- 5.1~7.6 厘米深、直径 30.5 厘米的花盆
- 盆栽土
- 一把小石子
- 粗白沙（不要用海滩沙，它含有盐分），用作表面铺层
  塑料勺
- 筷子
- 两株颜色相似的长寿花，一株比另一株大（一株养在直径 5.1 厘米盆里，一株养在直径 10.2 厘米盆里）
- 两株 10.2 厘米盆里的虎尾兰，一株高的 [金边虎尾兰（*Sansevieria trifasciata* ‘Laurentii’）] 与一株中等高度、三角形叶片、带斑锦的 [金边虎尾兰，矮生形态；或金边短叶虎尾兰（*Sansevieria* ‘Golden Hahnii’）]
- 10.2 厘米盆里带斑锦（浅绿色或深绿色）、带侧芽的矮生芦荟 [如‘蜥蜴唇’芦荟（*Aloe* ‘Lizard Lips’）或‘多兰布莱克’芦荟（*Aloe* ‘Doran Black’）]
- 7.6 厘米盆的不夜城锦（*Aloe nobilis* ‘Variegata’）
- 7.6 厘米盆的缀化孔雀球（*Euphorbia flanaganii*）
- 5.1 厘米盆的猿恋苇
- 3 盆 5.1 厘米盆里不同的十二卷属多肉植物，如祝宴（*Haworthia turgida*）、玉露（*Haworthia cooperi*）、寿（*Haworthia retusa*）

1 将湿润的盆栽土填入花盆。

2 首先加入大的那株长寿花，将它靠后沿花盆边缘放置。

3 把虎尾兰放入花盆中后1/3处，位于长寿花的两侧。

4 把矮生芦荟放到长寿花的前面、虎尾兰之间，这样它们把花朵衬托起来。

5 把带斑锦的不夜城加到两株虎尾兰中较高的那株前面。

6 将剩下的多肉植物重复着花盆边缘的弧形种下，十二卷留到最后，并留出十来厘米给“沙滩”。将第二株长寿花，即较小的那株种到中心偏左的位置。

7 摊开十二卷的根球，用这几株植物形成从芦荟丛延伸到盆沿的一条缘饰。

8 用筷子将土压向植株的根部，使它们定植。

9 用塑料勺加沙子，盖住所有的裸土。把小石子撒在沙子上。

10 适量浇水，注意不要把沙子挪位了。

▲多肉植物植根浅，因此，一个圆形浅盆是既合适又吸引人的。

▲用一只手将一丛矮生芦荟扶正的同时，另一只手把土壤压向它们的根部。乔恩·霍利最喜欢的工具是一支筷子，这里用的是钝的一端。

▶在主要从一面观赏的组合中，高的植物种在后面，矮一些的种在前面。

养护

无论是在室内还是户外，给予你的弱光编排明亮的光照，但不要直晒阳光，以免叶片被灼伤。如果要保护木头或其他多孔的表面，就将盆放到垫盘上，但要避免花盆浸水超过两小时。给予植物良好的通风，不时检查一下有无粉蚧和其他室内害虫滋生。

混合多肉植物吊篮

由加利福尼亚州索拉纳比奇市“时尚野草”（Chicweed）
梅丽莎·梯索尔（Melissa Tiesl）设计

难度：中等

如果你搞园艺的地方是在露台、天井或阳台上，但空间不够用了，答案或许就“近在眼前”：空空如也的空中地盘。一个多肉植物吊篮可以容下丰富的什锦搭配，让人联想起一片花畦。最棒的是，即便它们透风的篮子干透了，多肉植物也不会枯萎，不像大多数植物那样。多肉植物也不需要频繁且不便的浸水。

每个吊篮需要三条粗锁链牢固地连接在篮子的边缘，彼此间隔相等、长度相同。确保锁链足够牢靠，这样环扣不会因湿土和植物的重量而散开。将拴着这些锁链的吊钩牢固地挂在天花板龙骨或高架梁上。天花板吊钩和锁链上圆环间的渔用转环（fishing swivel）使得篮子可以转动，而无需将它取下再重新吊起（这种转环通常的用途是保证在收鱼线把鱼钓起来的时候，鱼线不会缠绕打结）。

你可以基于某个配色方案来选取植物，如暖色调的红色、橙色及紫色，冷色调的蓝色、紫色、绿色，或者随意选取各种吸引你的多肉植物。一株带几种颜色的皱叶石莲花可用来为迥异的元素牵线搭桥。10.2~15.2 厘米盆里一打各种形状与质地的多肉植物就足够你把玩了。准备好两篮盆栽土，和植材一样，你需要的会比你想得多。

◀◀ 结实的篮子在园艺中心和苗圃便宜出售。这个篮子塞得满满当当，不过你可以少用一些植物。

◀ 篮子的衬里将土壤和水分保留住。软刷用来除去撒到叶片上的泥土，筷子用来按压根部周围的土并使根固定，塑料勺用来往空隙中加土。

▼ 一个大小、质地各异的多肉植物什锦，有主打焦点物，有陪衬物，也有悬垂物。除了左上角的风车草石莲花杂交品种和它旁边的弦月，梅丽莎用到了图中所有的植物。

▲一个桶可用来接住从根球上落下来的土。

材料

- 直径30.5厘米（12英寸）带衬里的篮子，带锁链
- 塑料勺
- 筷子
- 软刷
- 盆栽土（约7079.2立方厘米）
- 20.3厘米（8英寸）盆栽的皱叶石莲花
- 15.2厘米（6英寸）盆栽的唐印
- 短叶芦荟（*Aloe brevifolia*）
- ‘夕映’莲花掌
- 熊童子
- 铭月
- ‘安吉丽娜’景天
- 新玉缀
- 小玉

▲从稍偏离中心的位置开始，使用高、大或引人注目的元素。周围用中等大小的多肉植物环绕。

1 用筷子尖的一端在衬里上戳一个洞，便于排水。给篮子装上3/4满的土。

2 从较大的那些植株开始，把它们安放到偏离中心的位置。你将在它们周围构建组合的其余部分。

3 由大到小，将剩下的植株围着那株最大的种下。边种边考虑植物的分布和颜色的平衡。

4 如果一株盆栽植物由多条着根的茎组成（马齿苋树和熊童子通常是这种情况），将根球一起拿住，以免茎倒伏并散开。

▲你能把多少植物塞进一个直径30.5厘米的篮子里？其结果令人吃惊。当它们长过边缘后，整个编排会变得更松散透气一些。你还可以使用插穗而非生根的植株、更少的植物（它们会渐渐充满空间），或只使用一种悬垂多肉植物。

5 把莲座型多肉植物的正面朝向篮子的边缘。

6 最后添加多肉类的蔓生植物或地被植物（如‘安吉丽娜’景天和新玉缀），紧贴边缘内侧。也许看起来没空间留给它们了，但如果摊开它们的根球，你就可以把这些植物像衣领那样塞到一株较大植物的基部周围。要小心操作新玉缀，因为它珠子般的叶子容易脱落。

7 把植株塞进去，并用筷子钝的一端把土压到大的叶片下面。用塑料勺往你指头够不着的地方加土。用软刷轻轻刷去撒落到叶片上的泥土。

蔓生多肉植物

在它们寻找扎根土壤的同时，大多数有茎的多肉植物随着时间推移都会变成悬垂状。这些特别易生枝蔓的类型喜欢明亮的光线而不是阴影：

鼠尾掌（*Aporocactus flagelliformis*）
堆叠青锁龙（*Crassula*, stacked varieties）
胧月（*Graptopetalum paraguayense*）
冰花（Ice plant）
黄花新月（*Othonna capensis*）
匍匐马齿苋树（*Portulacaria afra* ‘Minima’）
雅乐之舞（*Portulacaria afra* ‘Variegata’）
感恩节与圣诞节仙人掌（*Schlumbergera* hybrids，又名“蟹爪兰”）
景天（*Sedums*）
箭叶菊（*Senecio kleiniiformis*）
弦月（*Senecio radicans* ‘Fish Hooks’）

▲数周之后，另一个视角里的完工吊篮。类似的组合可以在同样大小的花盆里进行。

养护

有塑料衬里的吊篮需要平均每两周浇一次水——夏季要频繁一些，冬季间隔要久一些。保护组合不受风、烈日、严寒及过量雨水的侵害。为了平衡光照量，每 两周将篮子转动 180°。

以多肉植物为顶的南瓜

由圣迭戈市静心设计（Design for Serenity）
劳拉·尤班克斯（Laura Eubanks）设计

难度：中等

园艺设计师劳拉·尤班克斯和我碰面的时候，戴着饰有极小景天莲座的耳环。几个月后，我在一个园艺展上见到她，在那里她展示了一条约 91.4 厘米长、被她用小型多肉植物覆盖起来的铁丝鳄鱼——“罗伯托”。孩子们蹲在它面前，被深深吸引。劳拉的手法是用喷胶把泥炭藓（sphagnum moss）粘到某种表面（如贝壳）上，然后用热熔胶枪把多肉植物莲座粘到泥炭藓上。令人惊讶的是，热熔胶没有伤害到这些植物。

劳拉用多肉植物做顶盖的南瓜同时被饰以浆果和果荚，可作为很不错的中心摆饰、女主人礼物及入口通道处的装饰。注意多肉植物是种在南瓜之上，而不是之内的。南瓜可以小到面包圈那么小，也可以大到你几乎抬不动。我喜欢“灰姑娘”南瓜（‘Cidetella’ pumpkin），它有深深的沟槽和碗状的顶部，不过更小一些的南瓜集中到一起或摆放在餐桌上时也很吸引人。

你可能会以为这样的设计就像插花一样不会长久。毕竟这些多肉植物没被种起来……是这样吗？实际上，它们被种下了。劳拉的方法利用了多肉植物插穗将水分储存在叶片中并保持新鲜的同时从茎上生出头发丝般的根这一特点。令人惊叹的是，这些插穗的根穿过粘胶，直达苔鲜之中。这种组合需要的唯一照顾就是不时地喷雾以保持苔藓湿润。由于没有土，植物不会长多少，这正是你希望的。生长会破坏任何紧凑的编排。养护得当的话，南瓜能维持多久它就能持续多久。劳拉保存过一个，它不错的外观保持了九个月之久。

由于有灼伤的危险，我不大愿意使用热熔胶枪。不过，如果你能熟练使用它，这会省下时间。千万不要在胶热的时候碰它。涂胶的时候用长柄镊子夹

◀◀ 較大的插穗和干果荚位于中心，較小的插穗和装饰沿边缘放置。

住细小的莲座，用棒冰棍把胶抹开，或将胶涂在苔藓上，再把莲座压上去。把冰水放在手边，以便立刻冷却不小心接触到皮肤的热熔胶。更多的窍门可在网上找到，在搜索引擎中键入“热熔胶枪的安全性”即可。

劳拉的苔藓粘胶法有朝一日或许会改变游行花车的装饰方式。帕萨迪纳市玫瑰花车游行（Tournament of Roses parade）中的花车被要求以花材覆盖，传统上使用的是菊花和其他不长久的、在小瓶中保持新鲜约一周的花。多肉植物有着与鲜花同样多的色彩，可持续的时间却长得多，还不需要水，在其他方面也可被证明是更省力省钱的。

▼工具包括两种手工胶及用于取下插穗的园艺剪。果荚是劳拉在她家附近散步时收集的。

材料

· 直径 20.3~30.5 厘米的干净南瓜，顶部呈凹形，不带茎或茎已被除去
· 泥炭藓（在手工店按袋买）
· 喷胶，如“埃尔默”牌手工黏合胶（Elmer’s Craft Bond）
· 透明啫喱胶，如“阿琳”牌黏合胶（Aleene’s），或热熔胶枪
· 木质的果荚（如桉树和木兰的），橡子、蔷薇果或带壳的坚果
· 几丛橙红色的浆果，如火棘果、红胡椒 [秘鲁胡椒木（*Schinus molle*）的浆果] 或枸子
· 一组令人愉快的小型多肉植物什锦——颜色和质地越多越生动
· 剪刀

两个南瓜中较大的那个上面有 50 株 2.5~7.5 厘米大小、取自以下多肉植物的莲座或插穗：

· ‘夕映’莲花掌
· ‘火祭’头状青锁龙
· 姬莲
· ‘加州落日’风车景天
· 松之雪
· 月兔耳
· ‘安吉丽娜’景天
· ‘蓝云杉’景天
· ‘布兰科海角’景天
· 新玉缀
· 虹之玉

▼ 一层苔藓给了多肉植物生根的介质。

1 在南瓜的碗形顶部喷一层喷胶。

2 把干苔藓压到喷胶上，形成1.3厘米厚的苔藓层。

3 把多肉植物莲座加到苔藓上面，用透明的啫喱胶或热熔胶把它们固定到位。从最大的植株开始着手（稍偏离中心一点），然后在向外操作时依次把小的添加上去。把它们和那些干材料混合起来。

▲ 用多肉植物盖顶的南瓜是引人注目的秋季中心摆饰。

4 用更为小巧的多肉植物（如景天）将中心的莲座叶丛环绕起来。

5 添加更多的插穗和干材料时，以良好的平衡感和多样性为目标。你要的是没有苔藓露出来的丰盈外观，以及色彩和质地令人激动的混合。

6 用剪刀剪去多余的苔藓。

养护

每周一到两次（湿度低的话要频繁一些）用水喷洒这个编排，以滋润叶子和苔藓，并防止细小的根脱水。不过，不要让水在南瓜顶部积起来。在室内弱光条件下，多肉植物能保持它们鲜亮的颜色和紧凑的形态一周，然后会需要每天至少数小时的明亮光照，以防止变回绿色或产生“拉伸”现象。凉爽、干燥的位置是最好的。如果南瓜放在没有渗透性的、潮湿的表面上，比如混凝土，它很快就会变软，因此要将它放在三脚架或其他空气流通的东西上（甚至是瓦楞纸板上都行）。还要保护南瓜免受霜冻之害。要再利用这些多肉植物，可截取插穗或将整个南瓜安置到花园里，也可以把顶部切下并种植它。

只用粘胶的创意

把多肉植物粘到任意数量的物品上是可行的，有没有苔藓层让这些植物扎根都可以。如果将其置于阳光直射不到的地方，以下只使用粘胶的创意作品可保持新鲜数周甚至更久。

发饰 把极小的景天莲座粘到发夹、头冠、花环、塑料发箍、梳子或发卡上，将小小的“花朵”戴在头上。

包装顶饰 把干的细树枝用酒椰叶纤维扎起来，将多肉植物粘在中心，代替蝴蝶结使用。用外观天然、带柔和大地色的纸包装起来，这样的包装纸可烘托植物暗淡柔和的色调。

聚会赠品 把小巧的莲座粘到客人可以带回家的餐巾环上。

假日装饰 把极小的莲座安置到松果顶上，然后加上小铃铛、玻璃珠或玩具。

节日宠物项圈 把多肉植物莲座粘到狗或猫的项圈上，这样宠物会为花园里的活动得体着装。

▲ 劳拉·尤班克斯把极小的景天莲座及珠子般的翡翠珠叶子粘到一枚发卡上。

多肉植物造型球

由德布拉・李・鲍德温（Debra Lee Baldwin）
设计

难度：高阶

当多肉植物被以传统的造型种植时，它们看起来棒极了，而球形的卷绢对球面造型而言尤其具有吸引力。此外，卷绢的"小鸡"们通过可干净利落、轻易拔出的茎与群落相连。你可以把这些老鼠尾巴似的茎穿到造型架的枝条或铁丝下面，然后拉紧，把莲座固定到位。

为了此处所示的手工装饰作品，我从一个苗圃获得了这些小卷绢，那个苗圃让我从若干 1.9 升（半加仑）花盆所装的成株上收取它们（那些成株在之后看着一点也没变差）。考虑到颜色和质地上的韵味，我加上了叶端尖锐、勃艮第酒红色的长生草。因为生有白色蛛丝状物的卷绢外叶带红色，它们充当了暗红色莲座和奶油色花瓮之间的桥梁，这个花瓮完善了整个组合。

一个球面应该与垫在它下面的东西成比例，因此，要同时采购造型架和花盆，或在挑选一个圆球来种植的时候，带上你的花瓶、花瓮或花盆。要记住在种好之后，球面的直径会增加 5.1 厘米左右。

我用的是细树枝编成的造型架，被我填充了潮湿的苔藓，然后粘上了长生草。可选的黏合剂包括便宜的手工胶（它是水溶性的，因此在莲座的根生长穿过胶之前不要让球体浸水——等上几周吧），非水溶性但相对较贵、用于布料的胶；或者，如果你会熟练使用，可用热熔胶枪。热熔胶的优越性在于它能粘住湿苔藓、不溶于水，并且即时黏合，因此无需担心重力作用会使莲座掉下来。"U"形的

◀◀ 卷绢尾巴似的茎从部分完成的造型中延伸出来。

插花针也可用来将莲座连上，但插花针会在植物上戳出洞来，并且会渐渐生锈。

我的造型架和石膏瓮来自一个花艺用品店，手工胶和苔藓来自一个手工店。从苔藓球开始可帮你省下一步，不过要确保它是纯粹的苔藓，而不是泡沫塑料外裹了一层苔藓皮。我使用长生草属多肉植物，是因为它们的茎不会变得瘦长，不过其他小型的莲座型多肉植物——包括石莲花、堆叠青锁龙，甚至是矮生芦荟——都可以用。

这个作品还有衍生的潜力。你可以用同样的方法来打造一个多肉植物花环，或就此而言，在任何填充了苔藓的造型上进行种植。把球悬起来是另一个选择，不过把它置于花瓶或花瓮之上是有好处的：你不需要遮盖球面的底部，种植和浇水都更容易，并且不那么易受风雨的摧残。如果你真的决定要把它悬挂起来，在顶部加上一个结实的吊钩，种植的时候把球悬起（以接近底部），并用手工胶加上“U”形插花针（或热熔胶）将莲座固定好。

▼这个用于多肉植物造型球的树枝球应与花盆成比例。不需要盆栽土，植株会在苔藓中生长。

材料

· 直径 15.2 厘米的树枝球
· 一袋 13.2 立方分米的绿苔藓
· 几滴家用漂白剂（防霉）
· 筷子
· 瓶装手工胶或热熔胶枪
· 园艺剪或剪刀
· 支撑种植后球体的花盆（我的花瓮直径 17.8 厘米、19.0 厘米高）
· 用于稳定树枝球的石头
· 100 株左右的卷绢莲座，尺寸从豆粒到乒乓球大小不等
· 30 株红色色调的长生草莲座 [我用的是‘魔宴’长生草（*Sempervivum*‘Devil’s Food’），不过品种无关紧要]

备选

· 20 个左右的“U”形插花针

1 把苔藓浸入加了数滴家用漂白剂的水中。潮湿的苔藓更易于操作，并填充得更好。挤去多余的水分。

2 往树枝球里面填苔藓，装得下多少就填多少，并且把苔藓塞进枝条间的空隙里。其目的是为植物提供一个着根的介质，并且形成一个可保留水分的核心。

3 把填满苔藓的球放到阳光下晒一两天。如果你使用的是水溶性粘胶，除了球的底部，表面不应是潮湿的。

4 准备莲座。把“小鸡”从“母鸡”上取下来，除净泥土，如果最低层叶片干枯或向下弯曲，将其剥去。保留所有脐带似的茎。

5 把石头放进花瓮里，来抵消球体重量的影响，然后将树枝球置于花瓮之上。

◀ 这个树枝球紧紧地塞满了苔藓，已做好了种植的准备。

6 在每株莲座的底部涂上胶，然后把它压到球面上，从球底部开始往上操作。如果你不慎把球面粘到了花瓮的边缘，让胶变干，用刀把它切开并剥去。

7 在你粘卷绢的时候，用筷子把它们的“尾巴”压到造型架的枝条、铁丝的下面或缠住它们，以系牢植株（如果你使用的是热熔胶枪，则无需这样做）。

8 用提供对比颜色和质地的长生草（或石莲花）来点缀卷绢。如果重力作用使它们掉下来，就把它们塞到卷绢之上或之间，用“U”形插花针固定牢，或者在球的表面加上粘胶，然后让它干到具有黏稠性，再往上加莲座。在粘胶凝结前将莲座保持到位是可以的，但动作要轻柔，以免损伤叶片。

9 把最小的那些莲座留到最后，用来填充小空隙。但别太过于在意将球体完全遮盖起来这事了，一些苔藓和枝条露出来的话也没什么。

10 让粘胶晾上一夜，然后剪去卷绢可以看到的茎的末端。

▲每株莲座被压到造型架上之前，我在其底部涂上黏黏的手工胶。

▶▶ 对于阳台、天井或其他花园休息区，种上长生草莲座的球体是一件引发话题的增色之物。

养护

让种好的多肉植物造型球避开十足、灼热的阳光数周，每隔几天转动一下，以使光照均匀。如果湿度低而温度高，每天给造型球喷雾，以使叶子含水，但不要让苔藓湿透，以免水将固定莲座的粘胶溶解（如果你使用热熔胶枪，则无需担心这一点）。两周到一个月后，根就从每株莲座长出，穿过粘胶，绕着枝条，深入苔藓里。这时你可以把造型球放到更强一点的阳光下，每天增加半小时日照，直到最佳的每天三小时。根据不同的天气情况，一周左右给造型球浇一次水。造型球感觉上去应该是沉甸甸的，如果它轻飘飘的，从顶上浇水，直到底部开始滴水。把花瓮里积的水倒掉。随着长生草生出侧芽，造型看起来会越发丰满。要填补空隙的话，把一个侧芽扯下（或把它剪下来）插到需要的地方。

特殊场合的多肉植物花束

由

加利福尼亚州威斯塔市萝宾·福尔曼

设计

难度：高阶

一束包含着多肉植物莲座的花既充满情调，又可以作为纪念品。在鲜花凋谢后，你可将莲座移出并种到盆里或园中，在那里它们会作为鲜活的提醒物提醒曾有的美好。它们甚至可能抢在新郎、新娘之前生儿育女！在整个场合的中心摆饰、女士佩花（戴在手腕或礼服的胸、腰等处）、男士襟花及头饰中使用同一类型的多肉植物，这样亲友们也会有可用于他们花园的纪念植物。

你可以在现在及未来若干年的特殊场合里，把某种特别可爱的石莲花用作你的标志性多肉植物。畅想一下：一位新娘可以让同一植株活得足够长，使得它的后代能被用在她自己女儿的婚礼花束上。

◀◀ 在这捧用于特殊场合的花束中，'卡丝'石莲花（*Echeveria* 'Cass'）叶缘的粉红色重复了'来吧！'玫瑰（'Tenga Venga' rose）的粉红色。绿色的是桉树枝、柠檬叶，以及蝴蝶之舞（*Kalanchoe fedtschenkoi*）的茎。

虽然做这个可以不用捧花托，但如果整个编排需要被长时间携带，捧花托是个不错的点子。它是一碟用塑料网罩罩起来的花泥，连着一个用来将花束持住的柄。你可能还需要一个装到花束下藏起容器的褶边。这些物品便宜，在花艺店、许多手工店及网上有售。

新娘应有一束鲜花和绿色植物做成的小一些的轻型“抛花”，而不是在婚礼后把上面提到的那种花束抛出去，那会给多肉植物造成潜在损害。

关于如何准备石莲花莲座以使它们可被用在花束之中，我在此给出相应信息。至于如何照料玫瑰或其他切花以使它们尽可能久地保持新鲜，相关信息可在网上轻松找到，在搜索引擎中键入“为花束准备玫瑰”即可。

▲花艺师萝宾·福尔曼的“幕后”物品中包括一个捧花托和一张褶皱衬领。“永远要把你的技术性细节遮盖起来。”她这样建议道。

▶花材，从左到右：‘来吧！’玫瑰、橙色的金丝桃浆果（hypericum berry）、备好的石莲花、桉树枝。

材料

- 直径 10.2 厘米、含花泥的捧花托
- 用在捧花托基部的褶边透明薄面料
- 花艺刀或花艺剪
- 重型钢丝钳
- 园艺剪
- 一桶水

绿色植物：

- 12 枝柠檬叶较多的茎
- 4 枝卤蕨（leather fern）
- 2 株 10.2 厘米盆装的蝴蝶之舞，切开、取茎
- 4 小枝银叶桉（spiral eucalyptus）

焦点元素：

- 12 枝粉红色的玫瑰
- 6 株直径 7.6~10.2 厘米、带粉红色及蓝色的石莲花莲座
- 4 株直径 5.1~7.6 厘米的绒毛石莲花（fuzzy echeveria）莲座
- 4 株小的（直径 2.5~5.1 厘米）蓝色石莲花莲座

陪衬：

- 8 枝金丝桃浆果
- 其他绿色植物
- 枝状珠串或丝带（备选）

1 将捧花托在水中浸几分钟，使花泥吸水。在进行编排的时候将捧花托置于一桶重物（如沙子）中，保持直立。

2 剪切绿色植物的茎并插入花泥，使得它们像射线一样从花泥上呈现出来。绿色植物为花束营造了一个背景，用作花束的衬底，还定义了花束的形状（椭圆的或泪滴状的）。

▶ 绿色植物衬托着花束。接下来的是花束引人注目的要素——玫瑰和最大个的多肉植物莲座。

3 接下来加入焦点元素——玫瑰和多肉植物莲座——每种三株一组，从大到小添加。操作的时候，用重型钢丝钳把莲座的人造茎剪成你要的长度。

4 在一面镜子前持着花，需要填充的空隙会变得明显。避免把茎取出又重新插入，这会使花泥散开。如果你不得不重新安排它们，在重新插入前将每条茎再剪切一下。

5 加上小一些的陪衬花朵、更多的绿色植物（需要的话），如果愿意，加上枝状的珠串或丝带来完成这个花束。

如何准备多肉植物莲座

准备多肉植物莲座（为它造茎秆）并不难，和亲友一起制作会很有趣。一旦学会了这个简单的技巧，他们接下来会创造属于他们自己的经久不衰的多肉植物花束。

多肉植物莲座可提前一周或更早准备好，不会丧失新鲜度，不过，准备好的莲座需要存放在光线明亮的地方（不要全日照）。与需要存放在弱光或黑暗中的鲜花不同，多肉植物在试图将更多的表面区域暴露在阳光下时，会恢复绿色或失去它们紧致的形状。无根的莲座易受晒伤的危害，因此不要把它们存放在叶子可能会被晒焦的地方。

对每一株多肉植物莲座，你需要：

- 22.9厘米长、直径0.81毫米的铁丝
- 10.2厘米的花签（floral pick）
- 花艺胶带
- 剪刀

▶ 直径 0.81 毫米的铁丝垂直穿过石莲花的茎并向下弯折后，可被缠绕到一支花签上。

▼这些露娜莲（*Echeveria* 'Lola'）莲座被准备好了，这意味着它们具备了人造的茎秆。萝宾喜欢露娜莲，是因为即便在弱光下它也会保持它泛粉红色的浅浅的紫色而不会变绿。

▼铁丝绑好的花签已做好被有弹性的绿色花艺胶带缠绕起来的准备了。

1 把多肉植物从培养盆中移出，修剪去根部，保留约2.5厘米的茎。剥去莲座底部所有的枯叶。

2 把莲座的底部在水里涮一下，以清除附着的泥土。用毛巾吸去水分。在莲座底部干了之后再准备进行下一步（否则胶带粘不上）。

3 将铁丝垂直穿过最低叶片下的茎秆。把铁丝向下折呈倒“U”形，茎位于正中。

4 把花签钝的一端沿茎置于莲座的基部。用铁丝紧紧地缠绕花签，使莲座固定在花签上。

5 从莲座基部开始，在莲座下方粘上花艺胶带，然后一只手扯长胶带，另一只手的拇指和食指转动缠了铁丝的茎秆。不要事先拉伸胶带，否则它不会粘。

6 在花签的底部，剪断或撕断胶带。

◀完成的花束具有某样旧的东西（使用玫瑰这一传统）及某样新的、蓝色的东西（石莲花莲座）。（西方婚俗，婚礼上要有四样东西：旧的、新的、蓝色的、借来的。）

制作女士佩花或男士襟花

受花束的启发，用花材来制作男士的襟花和女士的佩花（手腕上或翻领处）。这个简单的技巧对头饰也很有用。

制作女士佩花或男士襟花的材料如下：

- 缎带
- 铅笔，用来卷茎秆
- 剪刀
- 花艺胶带
- 长22.9厘米、直径0.81毫米的花艺铁丝
- 石莲花莲座
- 绿色植物（几枝和新娘捧花相配的）
- 花艺直别针

用铁丝（无花签）来准备石莲花莲座，将铁丝拧成一条可弯曲的茎秆。做一个微型花束，让绿色植物在石莲花后面衬着它。用花艺胶带把所有的茎秆缠到一起，然后缠上缎带。留 2.5 厘米的缎带在顶部，剪成“V”字形。把绑起来的茎剪到 5.1 厘米长，然后盘绕在一支铅笔上，做成萝宾称之为“可爱小猪的尾巴”的样子。用别针固定到位。

◀ 一个姬莲莲座被准备好了，没用木签（只用了铁丝）。

多肉女王的花园
多肉养护及设计精要事典

第三篇

100种易养护的多肉植物

以下有讲解的名单列出了 100 种我喜爱且易养护的多肉植物，大小都有，包括窗台植物、地被植物、蔓生植物、灌丛植物及树状植物。大多数都是我在盆中、地上或两种地方都种过的。有好几种是我 20 世纪 90 年代开始认真钻研园艺时希望可以得到或知晓的。我通过尝试和失败及专家和朋友的热情推荐了解了它们。

在汇集这个名单的时候，我剔除了那些最初因其美好外观而吸引我、后来却证实令人失望的多肉植物。举例来说，景天树有边缘带红色的碟状灰叶子，以及和翡翠木相似的分叉结构。作为一种灌丛多肉植物，景天树的生长速度慢得令人咬牙切齿，这或许还可以原谅，如果它的叶子不总是看起来坑坑洼洼的——不单在我花园里如此，在任何我见过它的地方都这样。

再有就是华丽的红司（*Echeveria nodulosa*），它的叶片装饰着仿佛用毡头笔画上的红色线条。它有着相对薄（对多肉植物而言）的叶片，难怪它们常常看起来像是受了损伤的样子。还有‘粉蝶’伽蓝菜（*Kalanchoe*‘Pink Butterflies’），它是大叶落地生根（*Kalanchoe daigremontiana*）的近亲，有带彩虹斑锦的叶子和小巧的粉红色幼株，在夏季，那些幼株使它修长的叶子起褶。尽管我为了使其繁茂而将它剪短， 并试图用肥沃的土壤、理想的光照来把它养肥，但我种的那株再也不如刚从苗圃买来时看着那么好。

易得是另外一个标准。尽管收藏者看不上常见的多肉植物，而育种者提供值得拥有更高知名度的品种，此处列出的大部分多肉植物都可以在较大的园艺中心、特色苗圃及网上找到。话虽这么说，我还是忍不住列入了几种不常见但颇具潜力的多肉植物。

如果你的花园属于沙漠性气候，要特别留意仙人掌、龙舌兰、晚芦荟及丝兰的条目；如果你所处的是北方气候，留意景天及长生草。

◀◀ 色彩缤纷的石莲花和景天，以及正在开花的芦荟，展示了一个节水的花园可以何等美好。

莲花掌属

莲花掌属（*Aeonium*）多肉植物原产于北非西海岸外的加那利群岛，比其他多肉植物更喜欢水分一点，很多是林下植物，在斑驳阳光下或明亮的阴凉处表现最佳，不过有一些喜欢全日照。在原生地，它们生长在裸露的石崖上。那些有更深色素的莲花掌（如‘黑法师’莲花掌）有着更高的阳光耐受度。莲花掌在温和的海洋性气候中生长繁盛，如加利福尼亚州沿海地区，在那里有超过一打的变种唾手可得。与其他多肉植物不同，它们是夏季休眠、冬季生长的植物，在冬季多雨、夏季干燥的地方长得最好。莲花掌能够给花畦、阳台及花盆增添郁郁葱葱的景象和风车般的图案。新的生长从莲座的中心发生，老一些的叶片枯萎掉落，因此，最终你会得到一条光秃秃的茎，顶上架着莲座。如果你喜欢更紧凑一些的植株，就从莲座最低层叶子下方把莲座切下，将它作为插穗重新栽种，弃置其余部分。我喜欢多肉植物的一点，尤其是莲花掌，就是无需花朵就可以有上佳的表现。但当它们真的开花的时候，花朵是壮丽的。莲花掌的莲座只开一次花（它们开一次花后就死去），不过这要在若干年后才会发生，并且植株上的所有莲座很少会同时开花。

▲一堆堆鲜绿色的莲花掌莲座叶丛在颜色、形状及质地上重复和对比着深绿色的刺柏、黄色的卫矛，以及金边礼美龙舌兰黄色和绿色的叶子。

▼这束不需要水的伴娘捧花由‘夕映’莲花掌和黄色的麦秆菊组成。

Aeonium arboreum 'Zwartkop'

‘黑法师’莲花掌

成株尺寸 莲座直径15.2~20.3厘米

耐寒性 0 ℃

这种有光泽的莲花掌第一眼看上去似乎是黑色的，但实际上是深勃艮第酒红色，在逆光的时候会泛着红色的光。比起其他莲花掌或其他叶片光滑的多肉植物，它的颜色赋予它更佳的阳光耐受性。如果在少于全日照的地方生长，它的中心会变绿，叶片会变长。

由于‘黑法师’莲花掌令人惊叹的颜色，几乎每个见到它的人都想得到它。黑色的莲花掌确实迷人，但别忘了它们往往会“消失”——从视觉上来说——在花畦或与花束类似的编排中，因为它们会被误认为是暗处或空隙。给‘黑法师’莲花掌一个明亮的背景，比如天空或一面墙，或将它与带黄色或银色叶子的植物并植在一起。

Aeonium canariense

香炉盘

▲香炉盘看上去仿佛从水盆中溢出，并顺流漂下。

成株尺寸 按品种不同，莲座直径范围为15.2~30.5厘米

耐寒性 0 ℃

香炉盘及其杂交品种可形成紧凑的莲座灌丛，这些莲座长在分叉的茎上。丝绒般的叶片在半阴处生长时是绿色的，在全日照下会变成红色。

Aeonium 'Kiwi' (*Aeonium decorum* 'Kiwi')

‘夕映’莲花掌

成株尺寸 莲座直径达7.6厘米，灌丛高度、阔度达38.1厘米

耐寒性 0 ℃

每个叶片尖锐、带斑锦的‘夕映’莲花掌的莲座会长到茶杯口径大小。叶片结合了绿色和黄色（或奶油色），并且（在适量日晒下）叶缘呈玫瑰红色。在为植物造型、垂直花园、“有生命的图画”及使用苔藓与粘胶的编排添加色彩与花朵般的外观方面，‘夕映’莲花掌的莲座棒极了。它们也是优秀的盆栽植物和窗台花箱植物。

Aeonium 'Sunburst'

‘灿烂’莲花掌

成株尺寸 莲座直径15.2~20.3厘米

耐寒性 0 ℃

‘灿烂’莲花掌带黄色（或奶油色）与绿色条纹的叶片常常（但并不总是）有粉红色的尖端，是最可爱的多肉植物之一。它像一朵长着弹性花瓣的大雏菊，它的亮色使它成为花园中表现突出的植物。将其种在红色或粉红色的盆中以强调那红红的叶端。把它与其他斑锦多肉植物组合起来，创造视觉上吸引人的色彩重复，并可用它来使花园处于斑驳阴影中的区域变得明亮。叶片易受损伤，因此要轻拿轻放。

龙舌兰属

龙舌兰属（*Agave*）是易养护的新世界（美洲）多肉植物，喜欢全日照。在室内或阴凉处，龙舌兰会朝光线最强的方向倾斜。大多数龙舌兰无茎，有着锥形的尖锐叶片。一些长得像朝鲜蓟，其他的像是一束剑。叶端和沿着叶缘分布的尖刺某种程度上使它们成为危险植物，特别是在人行道旁。但从设计的角度而言，它们明晰的外形是无与伦比的，可为任何花园增添雕塑般的元素。在打理龙舌兰时，将叶端剪去 0.6 厘米，以保护你自己和他人免受刺伤。避免把龙舌兰的汁液弄到皮肤上，它可能会引起过敏反应。移除所有落进龙舌兰根颈的泥土或残渣，以免它容纳水分和害虫。几乎所有的龙舌兰都能耐受零下几摄氏度的气温，不少还可耐受低得多的温度。

龙舌兰在土层下隐蔽地繁殖，它也繁茂地开花，让全世界都看得见。浅浅的根状茎可能会生出“幼崽”。如果你不想让植物扩大地盘，留意它们，并把它们挖出来。要了解你所种的任何龙舌兰的成株大小，有的种类会变得硕大无朋。由于龙舌兰会在开花后死去，要种植在相应大小的地块，不要把它置于五年或十年后难以移除的地方。比起种在地上的龙舌兰，盆栽龙舌兰通常需要久得多的时间才开花。大型龙舌兰可作为良好的隔火植物及安全围栏。

▶ 雕塑般的蓝灰色的龙舌兰（*Agave americana*）在贫瘠的土壤中茁壮成长，靠雨水过活，并耐受 0 ℃以下和高于 38 ℃的气温。最好用一个结实的花盆将其限制和矮化，而不是把它种在住宅的花园中，在那里它们可能会生出侧芽，并且株高、株幅可达 1.8 米。

Agave americana 'Mediopicta Alba'

银心龙舌兰

成株尺寸 直径0.9米

耐寒性 –9.4 ℃

在被巧妙安置时，这种带奶油色与灰色条纹的龙舌兰和它巨大的近亲龙舌兰（*Agave americana*）及金边龙舌兰（*Agave americana*‘Marginata’）一样，可以提供同样充满活力的、雕塑般的仪态，它们在整个西南地区轻松生长，在世界范围内都可找到。银心龙舌兰也生发侧芽，不过没那么高产，因此当这发生的时候，通常是件喜事。

Agave attenuata

狐尾龙舌兰

成株尺寸 直径0.9米

耐寒性 0 ℃

与其他龙舌兰相比，狐尾龙舌兰是温柔的，它柔韧的叶片没有叶齿或终端的刺——无怪乎它在整个加利福尼亚州南部被广泛栽种。阻止它如更似凶徒的龙舌兰（*Agave americana*）那样周游世界的原因，是它对极端温度的敏感性。狐尾龙舌兰在沙漠的高温里不好存活，而哪怕只是一丝丝霜冻，它们的叶端也会像打湿的面巾纸一样软塌下来。

不同于其他通常为无茎莲座的龙舌兰，狐尾龙舌兰会形成茎秆，因此易于通过插穗进行繁殖。在最低叶片下方15.2~20.3厘米处将茎切断，挖一个直径比主干稍大、深15.2厘米左右的坑，然后插入插穗。一眨眼，你就有了速成植株。使土壤保持湿润，以促进根的生长。

这种龙舌兰的俗名源于它不分叉的花梗，在开满大量的花时看起来毛茸茸的。但基于花梗独特的弯曲形状，另一个更形象的名字或许是“问号龙舌兰”。当花园里有几株狐尾龙舌兰同时开花时，这些高大、毛茸茸的拱形——全都朝着太阳上下摆动——具有超现实的意味。

▶ 尽管一度昂贵并且难寻，狐尾龙舌兰的斑锦品种正在变得越来越普及，这株是'卡拉条纹'狐尾龙舌兰（*Agave attenuata* 'Kara's Stripes'）。需要保护它免受烈日直晒和霜冻。

Agave 'Blue Flame'

'蓝焰'龙舌兰

成株尺寸 直径1.2米

耐寒性 –3.9 ℃

作为广泛种植但畏霜冻的狐尾龙舌兰与耐受性更强的萧氏龙舌兰（*Agave shawii*）"幽会"的产物，'蓝焰'龙舌兰结合了二者的长处：美丽的外观、很棒的颜色及增强的耐寒性。让人联想起燃气灶火苗的蓝绿色叶子是柔韧的，叶缘带有细小的锯齿。向内弯曲的叶端长长的，像针一样。将这一优雅的龙舌兰与更为直立、更小型的'蓝光'龙舌兰（*Agave* 'Blue Glow'）组合在一起，后者有着类似的水彩般的条纹和形成对比的红边叶片。

Agave bracteosa

具苞片龙舌兰

成株尺寸 直径约45.7厘米

耐寒性 –12.2 ℃

与大多数龙舌兰不同，这种原生于墨西哥东北地区的植物是无刺的。具苞片龙舌兰有光滑、修长的叶片，如同扁平的、越来越窄的丝带。莲座中心直立的新叶形成独特的星形。这种植物起伏的、鱿鱼腕足似的叶片使它适用于海底主题的多肉植物花园。它无拘无束地"产崽"，如果你想要更多的植株，这是一个加分项。'蒙特雷之霜'具苞片龙舌兰（*Agave bracteosa* 'Monterrey Frost'）是一种少见的、生长缓慢但光彩照人的斑锦品种，它有着带白色边缘的叶子。

Agave 'Cream Spike'

王妃吉祥天锦

成株尺寸 直径约15.2厘米

耐寒性 –9.4 ℃

这种小小的斑锦龙舌兰在重复着它末端尖刺棕黑色的花盆里显得更美观。将它稍稍倾斜地（看起来更佳）种在盆景盆里。用石块枕垫着它，留出空间以便于“幼崽”露头。随着时间推移，这些后代会自然地完善这个组成。

Agave lophantha 'Quadricolor'

四色大美龙

成株尺寸 直径约38.1厘米

耐寒性 –6.7 ℃

四色大美龙又名“五色万代”。这种优雅的龙舌兰带黄边的叶子是深绿色的，中间有一条浅绿色的条纹。在明亮阳光下生长时，叶缘会变红，这赋予它第四种颜色。四色大美龙在多株一起栽种时看上去让人惊叹。大美龙（*Agave lophantha*）这个原种，植株要大一些且为纯绿色，是能忍受达 38 ℃左右气温的“沙漠之鼠”。在操作的时候要小心——那些坚硬、边缘呈锯齿状的叶子很锋利。

Agave parryi and varieties

巴利龙舌兰及其变种

▲虚空藏（*Agave parryi* var. *truncata*）。

成株尺寸 直径0.6~0.9米

耐寒性 不同

巴利龙舌兰的变种看上去像朝鲜蓟，带着让人舒服的鸽灰色，按品种不同可能会白一些、泛绿色或更蓝一些。叶子从圆形到修长的椭圆形都有，大多数植株会生成侧芽。这些受欢迎的景观植物的原生地范围为亚利桑那州北部到得克萨斯州西部。所有的品种都比较耐寒（至 –12 ℃或更低）。

Agave potatorum 'Kissho Kan' (*Agave* 'Kichi-Jokan')

吉祥冠

▲吉祥冠，左边是酒瓶兰，右边是正在开花的吹雪柱。

成株尺寸 直径约45.7厘米

耐寒性 –1.1 ℃

相比带有更长、更窄叶片的龙舌兰而言，这种银蓝色的龙舌兰许许多多的短叶聚集起来形成致密、对称的莲座，赋予它接近玫瑰的外观。它在盆中是美丽动人的。如果你打算将它种在花园里，就给“幼崽”留出足够的空间。带斑锦的变种值得寻求，而且它正变得越来越普遍。

Agave shawii

萧氏龙舌兰

成株尺寸 直径约76.2厘米

耐寒性 –3.9 ℃

我在墨西哥的下加利福尼亚州（Baja California）初次见到一片群生的萧氏龙舌兰时，被这种植物边缘的叶齿迷住了。太阳直晒着它们时，它们看起来是灰色的，但当阳光转到背后，它们呈现出珊瑚般的色调——黄色、粉红色及玫瑰红色。有时萧氏龙舌兰绿色的内叶被较老一些的叶子美妙地衬托起来，那些较老的叶子是黄绿色的，泛着橙红色。叶子也可能带有像画笔笔触一样的条纹。在花盆里种植萧氏龙舌兰，种在花园里时要考虑它的"产崽"倾向不会造成妨碍。确保将它安置在清早或下午晚些时候太阳会从背后照亮叶缘的地方。

Agave utahensis

青瓷炉

成株尺寸 直径约20.3厘米

耐寒性 –23.3 ℃

青瓷炉有边缘呈锯齿状的窄叶，并形成密集的小莲座簇。它生长在海拔 914.4~1 524.0 米极为干燥的环境里，那里夏季酷热，冬季气温会降到远低于 0 ℃。虽然是最耐寒的龙舌兰之一，青瓷炉在冬季休眠期间必须保持干燥，以防腐烂。它的变种'曲刺妖炎'青瓷炉（*Agave utahensis* 'Eborispina'）有着长而扭曲的白色叶端刺。

Agave victoriae-reginae

笹之雪

成株尺寸 直径约30.5厘米

耐寒性 –12.2 ℃

笹之雪又名“鬼脚掌”“维多利亚女王龙舌兰”。英国园艺学家托马斯·穆尔（Thomas Moore）以英国维多利亚女王（Queen Victoria）来命名这种美丽的墨西哥龙舌兰。它确实是一种有王者之风的多肉植物，深绿色的叶子被白色的线条和黑色的叶尖勾勒出来。笹之雪近乎球形，它在花盆圆形边缘的映衬下更显得好看。无论是在花园里还是盆栽中，多株编排起来也出效果。可以将莲座塞入草莓坛（一种侧面有若干袋状开口、供种植小植物的陶制坛状花盆）的侧袋中或者岩石园的罅隙里。有白色或金色条纹的栽培品种可在仙人掌与多肉植物协会的展览上看到，偶尔也可以在特色苗圃见到。

龙舌兰专家格雷格·斯塔尔（Greg Starr）写道，笹之雪的每一片叶子都是“龙舌兰之神用装饰性的白色叶芽图样精心手绘的”，他将其描述为生长最慢的龙舌兰种类之一，要20~25年才达到开花的尺寸。当我所在的街区有一株开花时，我拍了照片，但花穗是如此高（4.6米）而修长，我不得不从街对面进行拍摄。遗憾的是，由于它背后的枝枝叶叶的干扰，我对这一重大事件的记录非常糟糕。

Alluaudia procera

亚龙木

成株尺寸 株高4.6~7.6米，株幅1.2~1.8米

耐寒性 –6.7~1.7 ℃

亚龙木又名“马达加斯加仙人掌”。其他多肉植物看起来都不怎么像亚龙木，但这种有着高而瘦躯干的植物让人想起墨西哥刺木（*Fouquieria splendens*）——一种原生在西南地区沙漠、顶部开红花的植物。亚龙木来自马达加斯加。它多刺的灰色躯干长满了椭圆形、鲜绿色的叶子。叶子冬天可能会脱落，使它看上去多刺且发白。亚龙木要经过若干年才开花，当它开花的时候，一枝枝娇美的花朵像给植株戴上轻盈的头饰。设计师喜欢它的垂直性。

芦荟属

芦荟开出的花是所有植物中最壮丽的，不论是多肉植物还是其他植物。管状的花朵有橙色、红色或黄色的色调，偶尔有奶油色或双色的，它们可以在 0.6 米高的茎上如玉米粒那样紧密地挤在一起。就连最娇小的芦荟花，那种长在轻盈、分叉、不会粗过一条干通心粉的茎顶端的花朵，也吸引着蜂鸟。取决于天气情况，这种景象可持续数周或更长。

芦荟原生于南部非洲、阿拉伯半岛及马达加斯加。它们从几英寸到树那么高的都有，带状的厚叶片有光滑、凹凸不平或带刺的，通常有带齿的叶缘。叶子的横切面是新月形的，它们将水分向下汇集到植株的根颈。一般来说，相对龙舌兰而言，芦荟更喜欢稍微湿一些的环境条件。霜冻可能会损伤芦荟的叶端，使它们萎蔫，而且大多数芦荟都应付不了“坚冻”（气温在 –3.9 ℃以下数小时）。寒冷、干旱、超出它本身需要的量的阳光或不够肥沃的土壤，许多芦荟在受到这些环境胁迫时叶子会变成红色。无论是作为盆栽植物、种在岩石园还是种在巨砾园里，大量的小型芦荟聚集在一起看上去都很棒。

由于它们的根并不随着时间推移而显著增大，并且它们形成仅延伸到地表以下几英寸的网，芦荟可沿着建筑的地基栽种，或种在游泳池附近。芦荟还只制造极少量的落叶，除了摘除开败的花梗外无需打理。一旦花梗变干，我就把它扭下来，然后用它钝的、调羹形的茎端来掸去叶腋里的残渣。

第一眼看上去，芦荟和龙舌兰可能看起来相似，但差异是显著的。芦荟有着充满凝胶、逐渐收窄的叶子，叶子的边缘（通常呈锯齿状）是叶子表皮的延伸；而龙舌兰的叶缘和叶端刺是由更坚韧的组织生成的（想想与皮肤不同的指甲或角）。龙舌兰来自美国西南部和墨西哥，芦荟则是来自“旧世界”（亚非欧）。此外，与大多数开花后就会死去的龙舌兰不同，芦荟每年开花。

激发孩子园艺兴趣的最佳多肉植物

孩子喜欢有个性的植物，特别是那些拓展他们对“植物可以是什么样的”这一问题的认知的植物。每当见到某样迷住你（或者使你想要触碰它）的新东西，你就在体验着孩子对许多多肉植物的最初反应，而你已认为它们是理所当然的。

这里列出了那些总是会引起孩子好奇心的多肉植物。它们经得起触摸，可以在忽视下存活，值得培植，并随着时间推移变得更加有趣。每个都有一种或多种对儿童友好的特性，它是颜色斑驳的、有齿的、有棱的、毛茸茸的、结网的、像项链或珠子般的、傻乎乎好笑的，或有着像来自外星的样子。你可在主清单里找到它们对阳光及阴凉的要求，以及其他值得注意的特性。

芦荟矮生栽培变种（*Aloe*, dwarf cultivars）
亨氏芦荟（*Aloe hemmingii*）
酒瓶兰（*Beaucarnea recurvata*）
吊金钱（*Ceropegia woodii*）
熊童子（*Cotyledon tomentosa*）
堆叠青锁龙（*crassula*, stacked varieties）
铲叶花月和筒叶花月（*Crassula ovata* ‘Hobbit’ and ‘Gollum’）
‘多丽丝泰勒’石莲花及雪锦星（*Echeveria* ‘Doris Taylor’ and ‘Frosty’）
松之雪（*Haworthia attenuata*）
琉璃殿（*Haworthia limifolia*）
齿叶仙女之舞（*Kalanchoe beharensis* ‘Fang’）
大叶落地生根（*Kalanchoe daigremontiana*）
月兔耳（*Kalanchoe tomentosa*）
虹之玉（*Sedum rubrotinctum* ‘Pork and Beans’）
卷绢（*Sempervivum arachnoideum* ）
弦月（*Senecio radicans* ‘Fish Hooks’）

Aloe, dwarf cultivars

矮生芦荟

▲'暴风雪'芦荟（*Aloe* 'Blizzard'）

成株尺寸 株高5.1~10.2厘米，株幅7.6~12.7厘米

耐寒性 -1.1 ℃

有些芦荟栽培变种纯粹是为了被用作盆栽植物。这些小小的多肉植物很少长得比垒球大，许多有斑锦及带有凸起的点和线的纹理。看似珊瑚色碎片的东西镶在广受欢迎的'腮红'芦荟（*Aloe* 'Pink Blush'）叶片上。较少为人知的'暴风雪'芦荟（*Aloe* 'Blizzard'）是深绿色的，带着雪一样的白条，它极易"产崽"，一个直径10.2厘米的培养盆里就可能会包含着一打。其他矮生芦荟杂交种包括'迭戈'芦荟（*Aloe* 'Diego'）、'獠牙'芦荟（*Aloe* 'Fang'）、'蜥蜴唇'芦荟（*Aloe* 'Lizard Lips'）及'多兰布莱克'芦荟（*Aloe* 'Doran Black'）等。

Aloe arborescens

木立芦荟

成株尺寸 堆叠的丛簇直径达1.8米或更大

耐寒性 -5.6 ℃

在加利福尼亚州南部最常见的景观植物中，木立芦荟最终形成了有多条树干的堆丛。这些植物在海滩花园中生长繁茂并耐受含盐分的水雾，在炎热、干燥的内陆地区也长得不错。叶子是带锯齿边的，但并不锋利；圆锥形的修长花梗上，圆锥形的花是交通路锥上的那种亮橙色。一种斑锦变种带有浅绿色和奶油色的条纹，还有开黄色花的木立芦荟（没有橙色常见）。

Aloe 'Blue Elf'

'蓝精灵'芦荟

▲'蓝精灵'芦荟为一个苏铁植物园增添了色彩。

成株尺寸 株高45.7厘米，伸展到60厘米阔

耐寒性 -6.7 ℃

这种叶片修长的芦荟有优美的、直立的蓝灰色叶子。在开花的时候，大量聚集的植株让人联想起一堆堆橙红色的节庆彩纸屑。到了 2~4 月它们的开花期后，这些植物还会零零星星地开花——这个加分项是芦荟的非典型表现。如果要创造一个园畦，想要它令人愉悦地重复着叶片颜色并对比着形状和质地，就将'蓝精灵'芦荟和银心龙舌兰组合起来。环绕着它们种上有"母鸡产小鸡"习性的石莲花与地表植物，如'安吉丽娜'景天。

Aloe brevifolia

短叶芦荟

成株尺寸 莲座10.2厘米宽，堆叠的丛簇直径达60厘米或更大

耐寒性 -3.9 ℃

短叶芦荟形成易生发侧芽的莲座，并成为紧凑的群生。在明亮的阴凉处叶子是浅绿色的，全日照下呈玫瑰般的粉红色和黄色。短叶芦荟和不夜城常被弄混淆，不过后者是绿色的，会变红色至橙色，莲座要稍大一些。要从成簇的芦荟上采集侧芽的话，就从接近地面高度的丛簇边缘剪切下小的侧芽，而不要从中心剪，因为这会损伤紧紧挤在一起的叶片，造成空隙，危及植物堆丛的对称性。

Aloe dorotheae

日落芦荟

成株尺寸 株高30.5厘米，株幅20厘米

耐寒性 -2 ℃（28 ℉）

根据一则1890年的描述，这种芦荟是以“伦敦一位名叫多茜·韦斯特赫德[Dorthy Westhead(引文拼写如此)]的小姐”来命名的（拉丁学名意为“多萝西芦荟”）。在全日照下生长时，它的叶子会变成非常有光泽的鲜红色，这会使你好奇与它同名的那个女子是否容易害羞脸红。叶子有着白色的斑点，“Z”字形的边也有白色的尖端，这使得植株看起来比其他芦荟更像海星。这种成簇的坦桑尼亚原生植物可以种在海底主题的多肉植物花园里，或者种在颜色相对饱和并形成对比的花盆里，如钴蓝色或天蓝色的。

Aloe ferox

好望角芦荟

成株尺寸 株高1.8米以上

耐寒性 -6.7 ℃

好望角芦荟又名“开普芦荟”。这些芦荟来自南非的前开普省，它们生成一个大的莲座，久而久之会形成树干。蓝灰色的叶子通常带有玫瑰红色，叶子可以是光滑或带刺的。在早春，好望角芦荟向上抽出高高的柱状花穗。不要修剪掉那些向下弯曲的干叶子，它们能保护主干免受过度的阳光、高温和严寒的伤害。

Aloe hemmingii

亨氏芦荟

成株尺寸 直径约15.2厘米

耐寒性 0 ℃

亨氏芦荟的叶子让我想起斑驳阳光下的溪流。衬着油绿色的背景（或泛红的棕色，如果该植物受到大量日照），白色的斑纹仿佛是快速移动的白点，如此之快以至于被拉成了条形 。如果这还不够可爱，叶缘还打扮上了红颜色。亨氏芦荟在花盆中显得更好看，要使展示令人惊叹，用碎砖渣作为表面铺层。这一植物常被错误地标识为“哈兰芦荟”（*Aloe harlana*），那种芦荟与它看起来类似，但要大一些，并且不常见。

Aloe 'Hercules'

'大力神'树芦荟

成株尺寸 株高6.1米以上

耐寒性 -5 ℃

'大力神'树芦荟是一种主干粗大、充满活力的树形芦荟，顶部带有呈爆炸状的肥厚叶片。这种名字起得很贴切的多肉植物展现出杂交优势，即具备优于其任一园艺母本的特质。它们是爱挑剔的二歧芦荟（*Aloe dichotoma*）——它受不了夏季浇水；以及大树芦荟（*Aloe hainerii*）[illegible]除了干燥的气候，它在任何环境下都容易在叶片上长出煤灰似的黑点。'大力神'树芦荟还可以承受更低的温度。可选用它来给干燥的花园增添高度、质感和动态的轮廓。

Aloe humilis

木锉芦荟

成株尺寸 株高20.3厘米

耐寒性 -6.7 ℃

这种小巧芦荟的蓝灰色叶子上不规则地分布着闪闪发亮的粗短的刺。细长直立的叶子稍稍内卷，形成一个紧凑的莲座，这株莲座会逐渐分生，变为一簇。可用它奠定盆栽的组织特点，来重复其他多肉植物的蓝色，并与叶片光滑的伙伴植物形成对比。冬季需保持干燥。

Aloe nobilis

不夜城

成株尺寸 直径15.2厘米以上

耐寒性 –6.7 ℃

不夜城又名“高尚芦荟”。在斑驳阴凉处及肥沃土壤中生长时，不夜城是绿色的，叶缘带有黄色的齿——这很吸引人，但不如在阳光炙烤时那么令人惊叹地呈橙色。它有斑锦品种。我见过这种成簇的常见多肉植物被用作无需割草的草坪的替代物，种在人行道和道牙间不经常浇水的所谓“地狱带”。这是个不错的点子，只要有一个足够宽、没有芦荟的空间供乘客进出停靠路边的汽车就行。

Aloe plicatilis

折扇芦荟

成株尺寸 株高1.5米

耐寒性 –5 ℃

由于状如压舌板的叶子成对叠生形成扇形，这种芦荟看起来与众不同。这些冬季生植物会长成迷你型的树，通常叶端会带有与花朵一样的橙色。它的叶子会掉下来而不是紧附在茎秆上，露出光滑的灰色主干和枝条。将它与其他夏季休眠的植物组合起来，如莲花掌和千里光，在夏季它们全都应保持干燥。在冬季，如果降水稀少，给予它们补充性的灌溉。

Aloe polyphylla

螺旋芦荟

成株尺寸 株高45.7厘米

耐寒性 –12.2 ℃

螺旋芦荟又名“多叶芦荟”。几乎没有植物能像螺旋芦荟那样诱人和美丽，楔形的叶子形成涡旋，让人想起精巧的蝴蝶结。原生于非洲莱索托海拔 2 438.4 米的地方，螺旋芦荟习惯了被埋在雪中，它们的细胞里含有天然的防冻剂。植株可能要长到直径 30.5 厘米或以上才开花，不过就算到那个时候也不是每年都会开。多肉植物收藏者梦寐以求的就是能把顺时针和逆时针的螺旋芦荟并排放在一起。这种植物不喜欢加利福尼亚州南部炎热的夏季，不过在北加利福尼亚州生长还算容易，特别是旧金山湾区，只要排水够棒。

Aloe speciosa

艳丽芦荟

成株尺寸 株高2.4米以上

耐寒性 –3.9 ℃

每当我声称多肉植物有着植物王国里最美丽的花时，就会想到这种树一样的芦荟。多个圆锥形的花穗从大而单一的树冠上生发出来。花蕾由围绕底部的奶油色花蕾涡旋向上过渡到较不成熟的玫红色，它们都长有引人瞩目的绿色细线。当这些花蕾开放时，深红色的雄蕊显现出来，形成穗边。想要它开花的话，这些芦荟需要种在园中（而不是花盆中），且是有阳光、无霜冻的区域里。它的俗称“歪头芦荟”（tilt-head aloe），指的是它的树冠具有向着光照量最大的方向偏斜的倾向。

Aloe striata

珊瑚芦荟

成株尺寸 株高、株幅45.7厘米

耐寒性 –5.6 ℃

珊瑚芦荟又名“银芳锦”。这种中等大小的芦荟有分叉的花梗，带微妙细条纹的叶子有着半透明的橙色叶缘。真种有缎带般的叶缘，不会长出侧芽。更常见的是一个亚种，有带锯齿的叶缘并会“产崽”。我喜欢前一种光滑的外观，但我发现后一种更便宜、更容易见到，而且更能适应花园。珊瑚芦荟要比大多数芦荟耐寒，也不会长得过大，这使它们成为很好的花园、盆栽及景观植物。

Aloe vanbalenii

范巴伦芦荟 ▶

成株尺寸 堆丛至0.3~0.6米高，直径0.9~1.2米

耐寒性 –3.9 ℃

衬着单色的背景，范巴伦芦荟会是很棒的花园焦点。这种芦荟的叶片卷曲、扭动、重叠，看似章鱼，可形成群生。当这种植物生长在肥沃的土壤里、有定期的浇水和阳光防护时，它的叶片是绿色的。在十足烈日下、土壤贫瘠、水量极少时，叶片会变成橙色。它和蓝色的柱状仙人掌、金琥及蓝粉笔形成可爱的对比。不分叉的花穗上圆锥形的、修长的花是黄色到橙黄色的。

Aloe variegata

◀翠花掌

成株尺寸 株高30.5厘米

耐寒性 –6.7 ℃

翠花掌又名“千代田锦”。这种雕塑般的、优雅的小型芦荟作为室内植物有着辉煌的历史，自从1685 年它被荷兰的“植物猎人”在去南非的探险中发现以来，翠花掌就生长在欧洲的窗台上。无论是独自栽种还是与其他多肉植物组合在一起，它明晰的几何形状、看上去似乎是重叠起来的厚叶片，以及粗花梗上珊瑚色的花朵，都使它在花盆中显得可爱极了。它的英文俗名“鹧鸪胸芦荟”(partridge breast aloe)，源于它叶片上的斑点带，并且叶子也带细白边。在拿不准的时候，宁可选择保持干燥。这种芦荟的弱点就是它对过度浇水的敏感性，在受到环境胁迫时会泛红色。

Aporocactus flagelliformis（*Disocactus flagelliformis*）

鼠尾掌

▶ 鼠尾掌在一座干涸的喷水池中模拟着倾泻而下的水。

成株尺寸 长度达数英尺

耐寒性 1.7 ℃

鼠尾掌，一种原生于拉丁美洲的热带仙人掌，是附生植物（长在树和其他植物上）。夏季开出的亮粉色花朵吸引着蜂鸟。如果给予全天候明亮的光照，它可以在室内栽培，还可为吊篮增加美妙的质感。保持土壤湿润，在夏季给予充足的水。如果没有良好的通风，鼠尾掌易感染介壳虫和粉虱。

Astrophytum

星球属

成株尺寸 直径15.2~30.5厘米

耐寒性 -6.7 ℃

星球属是圆乎乎、球形、分棱的仙人掌，产自墨西哥，无刺或几乎无刺。它们是极好的盆栽植物，如果在一天中的大部分时候给予明亮的光照，它会在室内生长得心满意足。鸾凤玉（*Astrophytum myriostigma*）的棱越少——4~6 个最为理想——就越受收藏者青睐，必须很小心不动到植株脆弱、粉笔色的鳞片。在没开花的时候，兜丸（*Astrophytum asterias*）看上去和布纹球（*Euphorbia obesa*）极为相似，但这二者原产于不同的大陆。兜丸从 19 世纪 40 年代起就被栽培，有美妙的变种，比如超兜（*Astrophytum asterias*‘Super Kabuto’），带有白点形成的美丽图案。和大多数仙人掌类植物一样，它们的花是绸缎般且引人注目的。

Beaucarnea recurvate

酒瓶兰 ▶

成株尺寸 株高3.0~3.7米（按年龄不同）

耐寒性 -3.9 ℃

酒瓶兰又名“象腿树”。与其他的树型多肉植物不同，酒瓶兰可作为不错的室内植物。酒瓶兰不是棕榈，尽管它英文俗称是“酒瓶棕榈”（bottle palm）而且看上去也像。它们也没有肥厚多汁的叶子，把它划归多肉植物是由于它们膨出的、储水的主干。如果你所处的气候相对无霜，可在花园中添上一株酒瓶兰作为焦点植物；或是让一株酒瓶兰慢慢膨胀，就像被喂太饱的兔子一样，填满花盆。无论采用哪种方式，这种长着拖把头的植物都易养护，模样傻气好笑，可作为引发交谈的话题和花园的焦点植物。酒瓶兰的叶子是弯曲的，与它相似的剑叶酒瓶兰（*Beaucarnea stricta*）的叶子则是直的。

◀ 一组星球属仙人球，包括鸾凤玉和兜丸。

Ceropegia woodii

吊金钱

成株尺寸 长达数英尺

耐寒性 0 ℃

吊金钱又名“爱之蔓”“串串心”。这种蔓生多肉植物看上去像是常春藤和珠帘的杂合体，10 美分硬币大小（直径约 1.8 厘米）的心形叶子（可能带斑锦）是迷人的，但不如它的花那么奇特，那些花看上去像是 2.5 厘米长的紫色火烈鸟。在明亮的阴凉处或室内，将吊金钱种在吊篮或架上的花盆中。

虽然吊金钱可通过茎插和种子繁殖，但最容易的方法是让沿着茎生长的那些珠子般的疣突（带刺的小球）生根。将其中一枝置于植株下的盆栽土上，这样那些疣突在形成根的同时可继续吸收养分——虽然它们一开始个头越大就越不需要这个。这些小植株一旦生根定植，就可从母株上分离开来。

Cleistocactus strausii

吹雪柱▶

成株尺寸 株高1.2~2.4米

耐寒性 –23.3 ℃（干燥的情况下）

管花柱属（*Cleistocactus*）的多肉植物为花园或盆栽增添高度和戏剧效果。花朵水平伸出，看上去像是毛茸茸的品红色香烟。只要不被过度浇灌，吹雪柱长得相当快，而且麻烦少。将它们种在用大量浮石改良的、堆起的土壤顶上，以增强排水性。在被阳光照射时，吹雪柱白色的刺泛着微光。我种了六株一组的吹雪柱，在一个浅盆里用石块支撑住，放置于一个朝东的露台上。露台在夏天变得非常炎热，除了仙人掌几乎没有植物可以应付得了。无论在哪个季节，每天早晨我都喜欢看看那个容光焕发的盆景。

Cotyledon orbiculata

轮回

成株尺寸 株高、株幅0.6米

耐寒性 -1.1 ℃

银波锦属（*Cotyledon*）多肉植物常与翡翠木（青锁龙属）弄混，但它们的花非常不同。翡翠木有一簇簇小小的星形花朵，通常在仲冬开花；银波锦则是在初夏向上抽出一穗穗钟形的橙色花朵。它们和直立、可能是圆柱形或薄饼状、带红色细边的叶片形成对比。叶子的颜色包括绿色、蓝色、粉紫色及灰色。花朵招来蚂蚁，蚂蚁在花朵中“殖民”蚜虫。用异丙醇溶液喷或轻擦这些害虫，以免这场“花展”被破坏。

Cotyledon tomentosa

熊童子

成株尺寸 株高15.2厘米

耐寒性 -1.1 ℃

丰满的绿色叶子从葡萄大小到拇指大小不等，是毛茸茸的掌状，并且叶端带有暗红色的点。熊童子是盆栽编排不错的陪衬植物。可寻找较不常见的斑锦变种（带奶油色、绿色相间的条纹）。

青锁龙属

青锁龙属（*Crassula*）的无数物种和栽培变种可大致分为类似翡翠木的或者堆叠的。前者有粗的茎，可长成分枝的灌丛，能被修剪为小树状用在盆景之中。花从仲冬到整个春天开放，挤在如此大量聚集的花簇上，以至于植株看起来像是被雪覆盖着。翡翠木是坚韧、适应力强、不挑剔的多肉植物，有着卓越的储水能力和生存技能。它们也会自行“剪枝”——枝条变软、萎蔫，然后脱落，形成一个平衡的灌丛，脱落的枝条很容易生根。

堆叠青锁龙有着仿佛被茎串起来的叶子，它那不停生长、细韧悬垂的茎在寻求光照时转而向上。叶子有长的有短的，有正方形、三角形或椭圆形，松散或紧密地挤在一起。在某些变种中，较老的叶子衬托着较新、较小的叶子，形成有趣的叶片金字塔。最大的堆叠青锁龙有 15.2 厘米长的叶子，最小的叶子只有 1.6 毫米长。花簇从茎的顶端长出。对于有风处或者可能被路过的人碰到的吊篮，堆叠青锁龙是比风车草或千里光更好的选择，因为青锁龙的叶子不是那么容易脱落。

▼粉红十字星锦（*Crassula pellucida* ‘Variegata’）（左，红色，开花）与‘火祭’头状青锁龙（*Crassula capitella* ‘Campfire’）（中，叶片红色及绿色）。

Crassula, stacked varieties

堆叠青锁龙

▲星乙女（*Crassula perforata*）。

▲茜之塔和黄金花月。

成株尺寸 堆叠到10.2~20.3厘米高，伸展到45.7厘米或更阔

耐寒性 按品种不同，-3.9~0 ℃

那些茎秆悬垂、叶片看上去彼此堆叠的青锁龙是用在高花盆、吊篮及带基座花盆中的悬垂植物。茜之塔（*Crassula corymbulosa*‘Red Pagoda’）有叶端绯红的黄绿色叶片，是堆叠最紧致、最有棱角的品种之一。星乙女有对生的叶片，可像珠子一样旋绕着茎秆。数珠星（*Crassula rupestris*‘Baby’s Necklace’）圆角的叶子像是胖乎乎的小纽扣。粉红十字星锦则带有斑锦：奶油色、绿色，以及在十足阳光下增色为玫瑰色的粉红色。在受环境胁迫时，‘火祭’头状青锁龙转为灼烧般的橙红色。它的花朵使得茎伸长，危及它螺旋桨般的结构，因此在花开过后将它剪短一半。

Crassula ovata and its cultivars

翡翠木及其栽培品种

成株尺寸 株高0.6~1.2米及以上

耐寒性 0 ℃

翡翠木是最广为栽种的多肉植物之一，它有带红色边的深绿色的卵形叶子及白色的花。翡翠木的栽培品种虽然不那么常见，但同样容易生长，也容易从插穗开始进行繁殖。‘粉红丽人’翡翠木（*Crassula ovata* ‘Pink Beauty’）是开粉红色花的变种。‘宝贝’翡翠木（*Crassula ovata* ‘Baby Jade’）有更小些的叶片和更紧凑的形态。筒叶花月（*Crassula ovata* ‘Gollum’）有管状的叶子。铲叶花月（*Crassula ovata* ‘Hobbit’）的叶子则是调羹形的。黄金花月（*Crassula ovata* ‘Hummel’s Sunset’）的叶子是明黄色的。三色花月锦（*Crassula ovata* ‘Tricolor’）则有奶油色条纹，带粉红色边。如果未在全日照下生长，多彩的翡翠木会恢复绿色。

▲‘粉红丽人’翡翠木。

◀‘宝贝’翡翠木。

Cremnosedum 'Little Gem'

小玉

成株尺寸 莲座直径2.5厘米，可蔓生到15.2厘米长

耐寒性 –7~ –4 ℃

小玉又名“特里尔宝石”。小玉是泽米景天与景天杂交属（*Cremnosedum*）中一种叶片细小、呈堆砌状的多肉植物，它生成让人联想起浆果或石榴石的莲座。在全日照下，橄榄绿的叶子变为红色，在春天开出一簇簇极小的黄花（与景天的花相似）。小玉是盆栽花园很好的填充陪衬植物，种在草莓坛的开口处很可爱，绝对会引发每位女主人愉快的轻呼——当她收到一盆小玉的时候。

Dasylirion

稠丝兰属 ▶

成株尺寸 按物种不同，直径1.2米或更大

耐寒性 –9.4 ℃

和双花龙舌兰（*Agave geminiflora*）、鸟喙丝兰（*Yucca rostrata*）一样，稠丝兰来自美国西南沙漠和墨西哥，形成球状的大型针垫。稠丝兰看上去就如同从地面爆炸出来一般，极少有植物在视觉上如此具有动感。只要有足够的阳光和热量，这些坚韧的植物在花盆或花园里长得一样好。稠丝兰的叶子如此坚硬修长，你可能会好奇为何它们是多肉植物，这是因为它们的主干储存水分。长叶稠丝兰（*Dasylirion longissimum*）枝枝绿色的叶子犹如喷泉。沙漠汤匙（*Dasylirion wheeleri*）有类似的轮廓，叶子是银色带锯齿边的。随着时间推移，稠丝兰会形成树干并抽出高而修长的花穗，形状像是棉签。这种植物高度耐旱，但会“感激”定期浇水，只要别让它们的根总是浸透水。它们的叶子不锋利，但即便如此，还是将它们种在远离楼梯和过道的地方吧。

◀沙漠汤匙。

▼长叶稠丝兰，其下围植着虹之玉。

Dracaena draco

龙血树

成株尺寸 株高4.6米以上（高龄成株可达9.1米）

耐寒性 -3.9 ℃

龙血树是一种非常奇特的树，顶端长着一簇簇有着窄长叶片的膨大树枝。它原生于加那利群岛特内里费岛（Tenerife）及亚速尔群岛（the Azores），是圣迭戈植物园的标志性植物，也在整个加利福尼亚州南部广泛栽培。它的名字来源于沿树干从水平生长轮中渗出的略带红色的树脂。龙血树不难生长，但需要长时间才能成熟。花枝大型，与椰枣的相似。这种树可耐受高温、风、含盐的水雾。不要频繁浇水，浇要浇得深，避免让根区潮湿。

Dudleya pulverulenta

雪山

成株尺寸 直径约45.7厘米

耐寒性 -9.4 ℃

雪山的银色来自一层细小的白色粉末。暮春时节，莲座向上生发出长而弯拱的花穗。它原生于美国加利福尼亚州及墨西哥下加利福尼亚州北部，喜欢冬季和春季的雨水，但在夏季和秋季浇水的话，会表现不佳。在原生地，这些植物生长在几乎垂直的悬崖侧壁和堤岸上，因此需要超好的排水。在沿海给予它全日照，在内陆则给予半日照。

在夏季，莲座型的仙女杯（*Dudleya*）闭合起来以保护它们的核心不受晒伤和脱水之害。即使它们看上去发干发脆而又可怜巴巴的，也不要浇水，它们在休眠，不习惯夏季的雨水。不过，偶尔一次海雾似的喷雾是有益的。

▼雪山和更小一些、叶片纤细的海瑟仙女杯（*Dudleya hassei*）。

石莲花属

石莲花属（*Echeveria*）多肉植物原生于得克萨斯州、墨西哥和中南美洲。许多石莲花看上去像是花瓣肥厚的玫瑰，有深浅不同的粉红色、玫瑰色、浅紫色、蓝色、绿色，以及这些颜色的组合。它们会带有金属般的光泽、粉状的白色覆盖层、瘤状的突起或半透明的绒毛。一些有着带尖头的形状，让人联想到龙舌兰。颇具异域情调的皱叶栽培种让人想起有凹槽的馅饼皮或卷心玫瑰（Cabbage rose）。从暮春直到仲夏，石莲花在直立、呈拱形的茎上开出灯笼般的花。

当用铁丝连接上枝条般的茎秆，并用有弹性的绿色花艺胶带固定好后，无需用水，石莲花便呈现出玫瑰的样子。可把小型的石莲花莲座用于男士襟花及女士佩花，或者将它们粘在头饰上。适于制作"有生命的图画"的小型（直径小于 7.6 厘米）石莲花包括蓝灰色的月影（*Echeveria elegans*）、红色叶缘的绿色静夜（*Echeveria derenbergii*）和淡蓝色、叶片圆乎乎的姬莲（*Echeveria minima*）。

▼一束新娘捧花把奶油色的玫瑰和蓝绿色的石莲花、绿色的莲花掌及带奶油色与绿色条纹的翡翠木组合起来。

Echeveria, fuzzy

绒毛石莲花

▲ ‘多丽丝泰勒’石莲花（*Echeveria* ‘Doris Taylor’）。

成株尺寸 直径7.6~12.7厘米

耐寒性 –6.7 ℃

在阳光照射下，包裹着绒毛石莲花叶片的细小半透明绒毛泛着银光。‘红宝石’锦晃星（*Echeveria* ‘Ruby’）分叉形成小型的灌丛，它的多株莲座及它们拇指大小的叶片是平绒般的。更紧凑一些、有着“母鸡产小鸡”生长习性的是‘多丽丝泰勒’石莲花，一个像小狗一样让人禁不住爱抚的栽培品种。其他的，比如雪锦星（*Echeveria* ‘Frosty’）是如此之白，以至于看上去像是被冰晶覆盖。绒毛石莲花在露珠点缀之下非常迷人，尤其是在阳光的照耀下。

Echeveria, ruffled hybrids

皱叶石莲花

成株尺寸 株幅12.7~30.5厘米

耐寒性 –1.1 ℃

人们一见皱叶石莲花就会想要拥有它，苗圃和植物育种者尽力满足这一需求。它们在露天花园里极易受损，因此最好种在花盆里。要使带褶边的石莲花完好无损，需要将其置于半阴处受保护的地方。尽量给它们足够的光照，这样莲座不会变平或拉伸，叶子会保持它们的颜色——但光照不要多到会导致晒伤的地步。温室里明亮的散射光最为理想，但办不到的话，让皱叶石莲花早晨晒几小时太阳，每周将它们的盆转动 180°。或者在阴凉处种植它们。

▲取决于所处时节和接收到的光照量，这些花哨的石莲花有不同的尺寸和着色。即使是专家也不会试图从照片来辨认它们。这一株可能是‘火光’石莲花（*Echeveria* ‘Firelight’）、‘烟云’石莲花（*Echeveria* ‘Misty Cloud’）、‘哈利·巴特菲尔德’石莲花（*Echeveria* ‘Harry Butterfield’），或‘苦乐参半’石莲花（*Echeveria* ‘Bittersweet’）——又或者以上哪个也不是。

▲这株皱叶石莲花栽培品种可能是‘蓝弧’石莲花（*Echeveria* ‘Blue Curls’）。

▼‘霓浪’石莲花（*Echeveria* ‘Neon Breakers’）由加利福尼亚州威斯塔市“奥尔特曼植物”（Altman Plants）的勒妮·奥康奈尔（ Renee O'Connell）杂交培育，并于2010年推出。

Echeveria affinis ‘Black Prince’

‘黑王子’石莲花

▲在一个铜盆里，‘黑王子’石莲花和‘灿烂’莲花掌、‘龙血’景天、铭月、红色的红椒草，还有带勃艮第酒红色斑点的大和锦莲座组合在一起。

成株尺寸 株幅10.2~15.2厘米

耐寒性 –6.7 ℃

红紫色、勃艮第酒红色或黄色叶片的多肉植物，与红棕色的‘黑王子’石莲花及颜色更深、带巧克力色调的‘黑骑士’石莲花（*Echeveria affinis* ‘Black Knight’）组合起来很美。深色的叶子往往会显出水渍。给这些植物浇不含矿物质的水（蒸馏水），或用同样的水来清洁叶片。

Echeveria agavoides 'Lipstick'

'口红'东云

成株尺寸 株幅10.2~15.2厘米

耐寒性 –6.7 ℃

'口红'东云又名"魅惑之宵"。这种像龙舌兰的石莲花带有尖锐的叶片和清晰的轮廓，展示出这一属植物更有棱角的一面。平滑有光泽的绿色叶片叶缘呈绯红色，使'口红'东云像歌舞团女演员那样惹眼。它的侧芽紧附着主莲座，增强了它的吸引力。植株接受的阳光越多（未达到被灼伤的量），它红色的边缘就越明显。

Echeveria imbricata

玉凤

成株尺寸 莲座直径约20.3厘米

耐寒性 –6.7 ℃

玉凤的对称性是绝妙的。天蓝色的莲座生出紧贴母株的"幼崽"，形成交叠的圆形。在一个直径45.7厘米的浅盆中央种下一个玉凤莲座，约一年之后，侧芽就会将它填满。玉凤比其他大多数石莲花的栽培历史久是有原因的：它足够坚韧，在除了沙漠气候的任何气候下，可在花畦里和全日照下生长。

Echeveria 'Perle von Nurnberg'

紫珍珠

成株尺寸 直径约10.2厘米

耐寒性 –3.9 ℃

紫珍珠又名“纽伦堡珍珠”。紫珍珠如此完美地对称并色彩淡柔，使它看起来仿佛是用香皂雕刻出来的。在所有的石莲花中，它是最受花艺师欢迎的品种之一。你可以在婚礼花束中将这种植物和奶白色的玫瑰搭配起来，可以把它种在粉红色或浅紫色的盆里作为礼物，也可以在插花式的多肉植物编排中使用它，但不要将它种在露天花园里，因为它的叶子太易受损破相。

▲一个插花式的编排将一打包括紫珍珠（右）在内的不同莲座型多肉植物组合起来。

Echeveria subrigida 'Fire and Ice'

‘冰与火’刚叶莲

成株尺寸 株幅30.5~45.7厘米

耐寒性 –6.7 ℃

这种石莲花波浪形的叶子边缘带红色，有一种绘画般渲染的冷色调。沐浴在近傍晚时分的阳光下，植株会散发出霓虹般的光彩。尽管外形纤瘦，但它在花园里生长得不错，甚至在风化花岗岩那样的贫瘠土壤中也能生长。可将一株‘冰与火’刚叶莲种在浅蓝色或绯红色的花盆中展示。

Echinocactus grusonii

金琥

成株尺寸 逐渐长至直径0.9米

耐寒性 –9.4 ℃

当我在一处多肉植物景观初次见到这些金琥属（*Echinocactus*）的成员时，我问主人家为什么要种它们。如此多刺的植物侍弄起来不是挺困难的吗？他让我站起身来，这样我就可以看到它们背后近傍晚的阳光。突然之间这一切变得可以理解了：在有背光的时候，它们半透明的刺是美丽的。除了光晕效应，这些植物黄黄的颜色、球形的形状，以及毛茸茸的质地都可为任何旱生园增色。虽然在美国西南部的花园中变得常见，金琥在野外却几近灭绝。要开花的话，它们的直径需要达到35.6厘米——这需要长上14年。缎子般的黄花，以及紧挨其下的果荚与棕色的绵毛丛，形成了一个围绕植株顶部的花冠。至少要种上三株，以取得最佳效果。要给它们提供极好的排水。和所有的仙人掌植物一样，浇水过量的话金琥可能会烂掉。

Echinocereus triglochidiatus

三刺虾

◀金琥和蓝色的玉凤。

成株尺寸 株高25.4厘米

耐寒性 –28.9 ℃

这种小小的仙人掌科鹿角柱属（*Echinocereus*）的成员，在春季开出大量鲜艳的蜡一般的花朵。与毛茛相似的花朵跟不是闹着玩的针刺形成对比。在粗粝、多沙的土壤中栽种，保持干燥，并将其安置在你——以及蜂鸟——可以享受到这些花朵的地方。要做一个喜气洋洋的展示的话，可以搭配上和花朵同样朱红色的盆。

大戟属

大戟属（*Euphorbia*）是个大家族，并且绝不仅限于多肉植物——例如一品红（poinsettia）就包括其中。多肉植物的大戟属植物可能与仙人掌相似，但它们原生于非洲，而不是美国西南沙漠和墨西哥。仙人掌的刺从一个中心点（刺座）发散出来，而大戟属植物则没有；仙人掌的花往往大而带有灿烂的色调，大戟属多肉植物则是在豆粒般的球形中绽放出白色或黄色的花朵，与植株比起来相当小。要小心：大戟属植物牛奶般的汁液有腐蚀性，对眼球有极大的刺激作用。如果你将它弄到皮肤上，要用肥皂和水彻底清洗。不要把大戟属多肉植物种在孩子及宠物玩耍的地方。

许多大戟属多肉植物与珊瑚和其他海洋生物相似，包括美杜莎形大戟、‘火棒’大戟、凤鸣麒麟、白衣宝轮玉，以及布纹球。其他值得为营造海洋景观而寻求的还有缀化形态的帝锦（*Euphorbia lactea*）、白角麒麟（*Euphorbia resinifera*）、白银珊瑚（*Euphorbia leucodendron*）等。

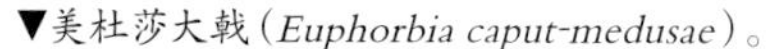

▼美杜莎大戟（*Euphorbia caput-medusae*）。

Euphorbia, medusoid

美杜莎形大戟

成株尺寸 直径约45.7厘米

耐寒性 –5 ℃

美杜莎形（似蛇形，以希腊神话中的蛇发女妖美杜莎命名）大戟粗糙的、圆柱状的叶子形成从某个中心点发散出来的“风车”。最为有名的美杜莎形大戟包括星虫大戟（*Euphorbia esculenta*）、九头龙（*Euphorbia inermis*）、王孔雀球（*Euphorbia woodii*）、孔雀球（*Euphorbia flanaganii*）及恰如其分命名的美杜莎大戟（*Euphorbia caput-medusae*）。容易获得的孔雀之舞（*Euphorbia flanaganii* ‘Cristata’）（有缀化）和这一种类看起来非常不同——就像是波浪形的绿珊瑚。从上向下看一株大的美杜莎形大戟，你会见到与向日葵带螺纹的中心相似的东西，它是斐波那契螺旋线（Fibonacci spiral）的又一例子。圆形的花盆或花瓮对展示这些优雅又轮廓分明的植物而言堪称完美。

Euphorbia ammak ‘Variegata’

大戟阁锦

成株尺寸 株高3.7米

耐寒性 –2.7 ℃

我拜访过圣迭戈一位拥有数十株大戟阁锦的种植者，所有的植株都种在地上，都比我高：简直就是一座大戟森林。波浪形的边缘赋予这些柱状、多刺的多肉植物独特的轮廓。斑锦品种茎秆的绿色如此之浅，几乎是白色的了。从插穗开始栽种容易成活，但要小心它腐蚀性的汁液。在截去顶端后，植株会从切割端向上分叉，形成树形仙人掌似的轮廓。保护其免受过量浇水和过多降水（一年超过 50.8 厘米）之害，以免主干腐烂。

与大戟阁（*Euphorbia ammak*）相似的是仅带绿色的华烛麒麟（*Euphorbia ingens*），它的耐霜性较弱。二者都会逐渐长成有多个直立分支的大树。圣巴巴拉（Santa Barbara）附近的荷花园（Lotusland）有一种不一般的（并且常被拍摄的）华烛麒麟变种，它的茎向下弯曲环绕，沿着地面蛇行。

Euphorbia anoplia

凤鸣麒麟

成株尺寸 株高15.2~30.5厘米

耐寒性 -3.9 ℃

这种小型的柱状大戟生出的侧芽形成紧凑的丛簇。多棱角的茎上绿色与奶油色相间的条纹让人联想到拉链。从上方看的时候，这种多面形的植物及它的侧芽就像是胖乎乎的绿色小星星。

Euphorbia milii

虎刺梅

成株尺寸 按变种不同，株幅、株高0.3~0.9米

耐寒性 -2.2 ℃

不要因为虎刺梅的枝条多刺就兴味索然。相反地，留意它们枝端一簇簇 10 美分硬币大小的苞叶（看上去像花的叶簇），从远处看，这些苞叶与天竺葵相似。这种有用植物很少有不开花的时候，它的苞叶有各种暖色调的颜色，包括红色、黄色、珊瑚色及奶油色。矮生的栽培品种对于盆栽编排而言甚为理想，它们包括那些花非常多的，以至于乍一看你还会以为它是绣球花。‘阿帕奇矮生’虎刺梅（*Euphorbia milii*‘Dwarf Apache’）就是一个例子，它有紧凑的生长习性和玫红色的苞叶。

Euphorbia obesa

布纹球

成株尺寸 株幅10.2厘米，株高15.2厘米

耐寒性 -2.2 ℃

布纹球又名“晃玉”。我用它们的种加词‘*obesa*’来称呼这些圆墩墩的小多肉植物，因为我喜欢这个名字多过更寻常的“棒球植物”（baseball plant，布纹球的英文俗称）。在1925年，布纹球非常稀有，一株就要卖27.5美元（这在当时对多肉植物而言是个极高的价码）。幸运的是，它的价格现在已大大降低了。

布纹球诠释了一个重要的原则：多肉植物越肥厚多肉，需要的水就越少，也越容易腐烂。我是在经历惨痛的教训之后才认识到这点的：我把盆栽的布纹球留在了雨地里，没多久它就变得湿软，然后萎陷了。它的继任者，我在买了之后才发现没有根。在重新生根所需的几个月中它都好好的。事实上，“无根”这一胁迫使植株从绿色变成了漂亮的红棕色。除非有完美的明亮及平衡的光照，布纹球会逐渐“拉长”。在春天，它招摇地戴上珠子般的鲜花形成的顶饰。

Euphorbia polygona 'Snowflake'

白衣宝轮玉

成株尺寸 直径超过15.2厘米，株高30.5~45.7厘米

耐寒性 –3.9 ℃

这种带深棱的圆柱形多肉植物形成紧凑的“母鸡”与“小鸡”群生。如果你喜欢刺，那就找它的近亲魁伟玉（*Euphorbia horrida*，又名“恐针麒麟”）——就如它的别名暗示的那样，它的刺多到令人感到恐怖。两者都可为旱生园增添质感和趣味。用红色的火山岩来装饰地表，与植物形成对比，并呼应着它们花蕾的颜色。将这些大戟属多肉植物安排在合适的位置，以便它们起皱的棱边和旋转木马似的冠部能被看见和欣赏。

▼魁伟玉。

Euphorbia tirucalli 'Sticks on Fire'

'火棒'大戟

成株尺寸 株高、株幅超过1.8米

耐寒性 0 ℃

'火棒'大戟稀疏分叉的竖直茎秆形成灌丛，每条茎的直径和筷子差不多（会随时间推移变粗）并缺少明显的叶子。可以用它给盆栽组合增添色彩和高度，给节水花园带来垂直的风景，在迷你盆景里模拟带秋季色彩的树，在多肉植物海景里让人联想起珊瑚。不是所有被作为'火棒'大戟出售的植物都会变得色彩绚丽，有的可能只在枝端变红。虽然'火棒'大戟在冬天和受到环境胁迫时确实会更红一些，但你得预期它会保持和你买的时候差不多的颜色（除非它长在阴凉处，这会使它变绿）。

Faucaria tigrina

虎颚

成株尺寸 从簇达15.2厘米或更宽

耐寒性 0 ℃

虎颚又名"四海波"。虎颚是肉黄菊属（*Faucaria*）的成员，第一眼看上去它像是某种食肉植物。楔形叶子边缘生出的白色线状延伸体，使它们看着像是正在咬合的颌部。别担心，这种多肉植物看似在咆哮却不会真的咬人。它们可作为表现甚佳的窗台植物。保持偏干燥的环境，特别是在夏季休眠期间；在从夏末到仲冬的整个时间段里提供充足的光照，以促进生长。在11月，虎颚绽放出熠熠生辉的黄色花朵，它们相对于其植株来说是大朵的。

Furcraea foetida 'Mediopicta'

中斑万年麻

成株尺寸 株高、株幅1.8米

耐寒性 -3.9 ℃

巨麻属（*Furcraea*）是龙舌兰的近亲，包括可爱的中斑万年麻。虽然这株由直立渐窄、黄绿色相间的叶片形成的“喷泉”原生于南非，但最为人所熟知的，还是它在非洲毛里求斯岛（Mauritius）上作为麻纤维的来源而被栽培。与某些龙舌兰和其他巨麻属植物不同，它的叶片既不坚硬也不带锯齿，但它的柔软性有个不利之处——叶子易损坏。保护它免受烈日、霜冻、大风及啮咬叶片的害虫伤害，如蜗牛。巨麻是一次结实多肉植物，也不产生“幼崽”，但它们的花序（花穗）可达壮观的9.1~12.2米高，细细的分枝上长着如此多的幼小植株，你简直可以开始做麻类生意了。

Gasteraloe 'Green Ice'

‘绿冰’元宝掌

成株尺寸 直径约15.2厘米

耐寒性 0 ℃

元宝掌是芦荟属与鲨鱼掌属植物杂交的产物。在特色苗圃能找到的半打左右的品种中，有一种已成为超级巨星：‘绿冰’元宝掌。它是由翠花掌与‘小疣点’鲨鱼掌（*Gasteria* ‘Little Warty’）杂交而成的，有厚厚的、带深绿色条纹的浅绿色叶子。尽管颜色淡柔，在除了沙漠气候的所有气候中，它在全日照下都过得不错。在盆景中把它和它的园艺亲本组合起来，以得到形状、色彩、质地和花朵有趣的并置。

Gasteria

鲨鱼掌属

▲墨鉾（*Gasteria bicolor*）。

成株尺寸 按品种不同，株幅15.2~61.0厘米

耐寒性 0 ℃

属名“*Gasteria*”（词根“gaster”指胃部）源于这些植物修长花穗上的看起来像小小粉红色胃部的花朵。鲨鱼掌有皮厚、坚硬、不弯曲的叶片，是楔形或舌形的，可能带凸起的小点。墨鉾修长的叶子开始像折扇，然后长成不规则的莲座。小龟姬（*Gasteria bicolor* ‘Liliputana’）是墨鉾的微缩版，如它的名字暗示的那样（“Liliputana”有“微小”之意）。芦荟和鲨鱼掌有亲缘关系，较大株的鲨鱼掌让人联想起叶片厚得不寻常的芦荟。鲨鱼掌在明亮的阴凉处生长繁茂，不过阳光会帮助那些易变红的变红。叶片容易折断，但折断的叶片插入土可能会长出新植株。

Graptopetalum paraguayense

胧月

成株尺寸 莲座直径10.2厘米，茎45.7厘米或更长

耐寒性 −9.4 ℃

风车草属（*Graptopetalum*）的莲座与石莲花相似，它们有亲缘关系。交叠、圆角三角形的风车草叶子形成斐波那契螺旋线。

胧月的英文俗名“幽灵植物”（ghost plant）可能与它灰白色、泛乳白色光泽叶片的外观有关。它们在炎热干燥的环境条件下变为泛粉红色的黄色，在半阴处及定期浇水之类的悉心呵护下呈蓝灰色。这种植物并非如其种名暗示的那样来自巴拉圭，而是墨西哥。莲座生长在不断伸长、最终变得悬垂的茎顶部，因此风车草可作为上好的悬垂植物。操作要小心，风车草的叶片容易脱落。由于落下的叶子可形成新的幼株，并且从胧月上采集的插穗也可不费吹灰之力地生根，所以它是最易繁殖的多肉植物之一。

Graptoveria 'Fred Ives'

'粉黛'风车石莲

成株尺寸 直径约20.3厘米

耐寒性 –2.2 ℃

风车石莲（*Graptoveria*）是石莲花属与风车草属的属间杂交。取决于时节、温度和光照量，'粉黛'风车石莲的莲座可能会混合各种色调的蓝色、亮色、灰色、玫瑰色、黄色。我在露天花园里种植它们，在那里它们轻松地应付了霜夜、骄阳及"善意"的忽视。我自以为我的植物看起来很好，直到我将它们与海岸附近一座花园里的风车石莲做了比较。那里的风车石莲长得更大更强壮，以此来展示它对温和的海洋性气候的"欣赏"。与那些要受到环境胁迫才会变得更多彩的多肉植物不同，在理想条件下风车石莲会转为更深更丰富的色调。

Graptoveria 'Opalina'

'奥普琳娜'风车石莲

成株尺寸 直径约15.2厘米

耐寒性 –2.2 ℃

'奥普琳娜'风车石莲比'粉黛'风车石莲少见，有更短更肥厚的叶子，颜色各异，从浅银蓝色到泛粉红色的淡紫色。如它的名字暗示的那样，这些色调带有可爱的乳白色光泽。

十二卷属

十二卷属（*Haworthia*）是来自南非的小型多肉植物，你可在窗台盆栽、微型景观、瓶中花园及盆景中欣赏它们。这些受欢迎的室内植物在弱光条件下生长繁茂。它们也是最易杂交以创造杂交品种的多肉植物之一——这是热衷收藏者所追求的。和其他窗台植物一样，小心别让透过窗玻璃增强的紫外线灼伤十二卷。春季和夏季你要把它挪到户外的话，记住直射的阳光会使不习惯阳光直晒的多肉植物焦枯。在室内，特别是通风极少的时候，要经常检查叶腋是否感染昆虫。若感染，用稀释过的异丙醇溶液喷或轻擦害虫。

▶ ‘白雪公主’松之雪（*Haworthia attenuata* ‘Snow White’，松之雪的栽培品种）。

Haworthia attenuata

松之雪

成株尺寸 株高12.7厘米

耐寒性 0 ℃

松之雪有坚硬、尖锐的叶片，看似锋利，其实不然。由白点组成的平行棱线赋予植株质感，并与叶片的深绿色形成对比。和大多数十二卷属多肉植物一样，它有无数的栽培品种，但有一种特别值得寻求，那就是‘白雪公主’松之雪（*Haworthia attenuata* ‘Snow White’）。它们叶片上带有如此厚密的白色棱纹，让人想起被雪覆盖的圆锥形的树。松之雪常被误标为条纹十二卷（*Haworthia fasciata*），它们看起来确实几乎一样。后者少见，叶片的内侧（上面）光滑，而松之雪的两面都有瘤突（虽然内侧的程度要低些）。二者的英文俗名都叫“斑马草”（zebra plant）。

Haworthia limifolia

琉璃殿

▲琉璃殿锦（*Haworthia limifolia* ‘Variegata’）。

成株尺寸 株高5.1厘米，株幅10.2厘米

耐寒性 0 ℃

琉璃殿有尖锐、起棱的叶子，你会禁不住要摸一摸它。纯绿色的植株可在大多数多肉植物特色苗圃里找到，斑锦品种则不那么常见。这种植物的外观本身就足以让孩子喜欢上它，不过如果这不见效，它富于幻想的名字会奏效［它的英文俗称为“仙女洗衣板”（fairy washboard）］。

Haworthia turgida

祝宴

成株尺寸 直径7.6厘米

耐寒性 0 ℃（32℉）

祝宴有尖尖的叶子，易生侧芽，带鲜绿色。叶端的半透明组织使它们与绿色的明胶相似。其他同样具有这一特质的十二卷属包括玉露（*Haworthia cooperi*）、京之华（*Haworthia cymbiformis*）、玉扇（*Haworthia truncata*）、寿（*Haworthia retusa*）等。

Hesperaloe parviflora

小花晚芦荟

成株尺寸 株高76.2厘米（不包括花）

耐寒性 −17.8 ℃或更低

小花晚芦荟又名“红丝兰”。小花晚芦荟高高的花梗会直视你的眼睛。花朵有各种深浅的黄色、红色及粉红色，混合起来时很美丽。细长的灰绿色叶片坚硬但不锐利，形成呈弧形向上的“喷泉”。线状的白丝从叶缘剥离开来，增添了质感，并为阳光提供了打背光之物。小花晚芦荟有多浆的根，是沙漠花园的极佳植物。一旦定植，它可仅靠雨水存活，不过夏季一月两次的浇水会使花开得更好。如果说它有什么缺点，那就是野鹿觉得它美味可口。

Hoya

球兰属

成株尺寸 株高数英尺

耐寒性 4.4 ℃

球兰属（*Hoya*）是原生于泰国的蔓生多肉植物。夏季开的花由蜡状的星形花朵组成，它们像伞骨一样聚拢在一起，形成一个半球形。虽然球兰主要是因为它的花而被栽种，那些有趣的叶片也值得寻求。卷叶球兰（*Hoya compacta*）的叶子卷曲交织，让人想起意大利式馄饨（tortellini）。心叶球兰（*Hoya kerrii*）有心形的叶片，这使它们的花变得几乎无关紧要了。许多球兰也带有斑锦。球兰在 10 ℃以上及明亮阴凉处表现最佳。大多数可在室内栽培。当根长满盆的时候花开得最好。可种在掺了 30% 兰花混合土的盆栽土中。保持干燥，可将其种在吊篮中或使其沿棚架攀缘。

冰花▶

成株尺寸 株高7.6~45.7厘米，伸展至数英尺

耐寒性 –6.7 ℃及更低

由于曾被一股脑地划到龙须海棠属（*Mesembryanthemum*）中，冰花现在仍被园艺师称为“mesembs”。这些植物中有许多属于日中花属（*Lampranthus*），让我惊愕的是，这个名字似乎总在不停改变，改到红番属（*Ruschia*）或覆盆花属（*Oscularia*）然后又改回来。一些冰花名副其实，相当耐寒，尤其是属于露子花属（*Delosperma*）的那些。所有冰花都经不起踩踏。大多数冰花在春季盛放出色彩鲜艳、泛着微光的重瓣花朵。

将冰花用作地被植物和草坪的替代物，在花盆中、吊篮里、窗台花箱中及层台上把它们组合起来。花朵在阳光下绽放，在弱光时闭合。

◀ 冰花两种不同的色彩营造出令人瞠目的展示。

▼冰花也可为盆景增添色彩。

伽蓝菜属

伽蓝菜属（*Kalanchoe*）植物叶子的形状和质地范围可从光滑、绿色、有光泽到有瘤突、灰色及粗糙。花朵各不相同，从一簇簇的“小星星”到有多个分叉的花梗上豆粒大小的“铃铛”。这些植物原生于热带，沿着热带纬度，从南非到越南都有分布。对于它们的人工栽培相对较晚，在 20 世纪的后半段才被引入苗圃交易。伽蓝菜畏寒，但那些根系定植良好的可能会在植株的地上部分死掉后再生。属名的读法各地不同，如果你喜欢读成“咖蓝菜”，我也不会介意。

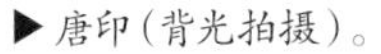
▶ 唐印（背光拍摄）。

Kalanchoe beharensis 'Fang'

齿叶仙女之舞

成株尺寸 株高0.6~0.9米

耐寒性 –3.9 ℃

齿叶仙女之舞是需要“刮胡子”的多肉植物。它斑白的凸起有点像獠牙，看似绒毛，却是硬的。齿叶仙女之舞尽管相貌古怪，但和其他多肉植物一样容易种植，无论是在花盆里还是在地上。我把它种在一个正方形的盆里，以强调叶片的棱角。

仙女之舞（*Kalanchoe beharensis*）这个物种有硬毛毡一样的叶子，带有和齿叶仙女之舞一样的灰色，却没有它那些粗糙的突起。在无霜冻的花园里，仙女之舞会渐渐长成树，达到 1.8 米或更高。它和齿叶仙女之舞都可以在花园和花盆里良好生长。

Kalanchoe blossfeldiana

长寿花

成株尺寸 株高20.3厘米

耐寒性 0 ℃

长寿花是一种广泛销售和受欢迎的室内植物，它有带光泽、叶缘呈圆齿状的深绿色叶子。种植它主要是为了它的花，许多栽培品种开出大量什锦糖色调的小巧花朵。我喜欢把相同强度的颜色混在一起，如桃红色、亮橙色，以及校车上刷的那种黄色。粉彩色的变种可用作准新娘赠礼聚会及新生儿送礼会上漂亮的中心摆饰。某些栽培品种结合了几种颜色，如珊瑚色、金黄色及浅鲑红色。重瓣长寿花（*Kalanchoe blossfeldiana* 'Calandiva'）是一种有多重花瓣的长寿花，看上去像卷心玫瑰。

在为了广泛传播而进行培育的时候，这些多肉植物也被培育出坚韧性。与供市场销售的一品红一样，长寿花也能承受许多“虐待”。它们甚至会在弱光下开花，这使它们适用于室内盆景。这种植物每六个月左右开一次花，花期可维持六周或更久，但这是有代价的：植物会变得细长难看，需要被替换掉。如果某种颜色你想多要一点，那就切取插穗。

Kalanchoe luciae

唐印

▲亨廷顿植物园（Huntington Botanical Gardens）里的锥花伽蓝菜。

▶ 唐印。

成株尺寸 株高45.7厘米

耐寒性 –2.2 ℃

一些唐印有着交叠的碟形叶片，其他的叶子要大一些并起伏不平。主莲座因开花而变得虚弱，可能会死掉。可将花穗剪短，掐掉所有新形成的花蕾，或者在植株伸长开花之后，沿花梗采收半打左右母株的“微缩版”。除了最炎热的气候，在所有气候条件中都要在全日照下栽培它，以使叶片保持亮红色。它的一个新变种唐印锦（*Kalanchoe luciae*‘Fantastic’）有奶油色的条纹。

唐印常被错误标注为锥花伽蓝菜（*Kalanchoe thyrsiflora*），但它们是两种不同的植物。锥花伽蓝菜的花是深黄色的（唐印的花为奶油色），并且它灰绿色的卵形叶片成对出现，与稍老、大一些的一组组叶片形成直角。锥花伽蓝菜外形靓丽，更值得普及。

Kalanchoe tomentosa

月兔耳

成株尺寸 株高20.3~30.5厘米

耐寒性 0 ℃

月兔耳是有着长毛绒似的“兔耳朵”形成的“花束”——覆着“银毡”的椭圆叶片带有棕色的“针脚”。和其他毛茸茸的多肉植物一样，你可以用一支柔软的画笔，轻轻地把撒在叶片上的盆栽土或灰尘扫去。将它种在赤陶或上红釉的盆里，以重复叶缘的红褐色。这个银蓝灰色的物种，以及金棕色的栽培变种巧克力兔耳（*Kalanchoe tomentosa* ‘Chocolate Soldier’，又名“黑兔耳”），是我在设计多肉植物组合时的时髦之选。它们会增添很棒的质感，并且对于任何色彩配置而言，两者中总有一个会合适。

◀月兔耳（*Kalanchoe tomentosa*）。

▼巧克力兔耳、‘龙血’景天（*Sedum spurium* ‘Dragon’s Blood’）及金色的仙人之舞（*Kalanchoe orgyalis*）组合在一起。

Lithops

生石花属

成株尺寸 株高5.1厘米

耐寒性 0 ℃

生石花属（*Lithops*）的典型植物与磨圆了的小颗粒卵石相似，这是这些植物在其原生地保护自己免受食草动物伤害的一个伪装。生石花来自南非，在那里它们靠少量的降雨维持生命。它们需要不经常的浇水、低的湿度、免遭霜冻的保护，以及每天4~5小时明亮但不强烈的光照。过少的光照会使生石花变得细长。

从夏季或秋季（当它们开花的时候）到春季（当老叶子干枯、像纸似的时），这整段时间都不要去打扰生石花。这意味着冬季不要浇水。11月左右，在它们开过像亮晶晶的、泛着微光的黄花或白花后，株体就会绽开，生出一对新叶了。在生长时，它们靠老叶养活并吸收老叶， 老叶则逐渐枯萎。春末和夏季注意观察植株，只在有皱纹出现几天后才浇水（近傍晚时的应激性皱纹除外）。让水浸透根部并从排水孔中流出。每两周浇一次水就够了。如果拿不准就不要浇，它们是地球上最耐旱的植物之一。

把生石花种在粗粝、排水良好的土壤中，用至少15厘米深的盆，以容纳其长长的主根。我把它们和带有类似斑纹的土色圆石子一起展示。

生石花并非唯一一种“有生命的石头”。其他“有生命的石头”（或称“卵石植物”）包括银叶花属（*Argyroderma*）、肉锥花属（*Conophytum*）、棒叶花属（*Fenestraria*），以及对叶花属（*Pleiospilos*）。它们全都对过量浇水极其敏感。

Mammillaria

乳突球属

◀乳突球什锦。

▼黄神丸。

成株尺寸 直径2.5~15.2厘米

耐寒性 各异

乳突球属（*Mammillaria*）是仙人球中最大、最广为收集的一个属。名字是拉丁文“乳头”的意思，这些植物的相同之处，就是在浓密的刺下面都有尖的突起。乳突球最终会形成群生，在春季或夏季惹人注目地戴起鲜艳、娇美的花之冠。丛生的较大型品种可伸展到 0.9 米阔。将各种乳突球组合在阔而浅的花盆里，以品味这些圆形植物的重复与变化。黄神丸（*Mammillaria celsiana*）是最受欢迎的乳突球属多肉植物之一，刺是白色的，花就像是粉红色星星做成的花冠。通常见到的金手指（*Mammillaria elongata*）是缀化的，它圆柱形的茎化身为毛茸茸的、像大脑一样的盘曲卷绕结构。

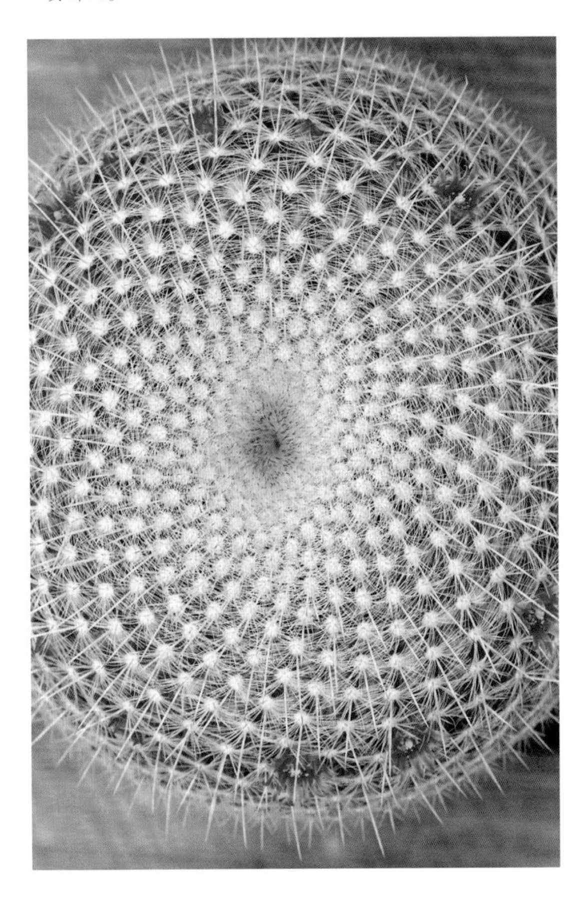

Opuntia

仙人掌属

成株尺寸 各异

耐寒性 –6.7 ℃或更低

虽然令人生畏，但仙人掌属（*Opuntia*）是一种有用的、形成“垫子”的仙人掌。刺梨仙人掌（*Opuntia ficus-indica*）最为常见，我对叶刺、疼痛、眼泪最早的记忆就应归功于它。虽然这个开头不让人看好，但此后我喜欢上了仙人掌——特别是其中两种。‘伯班克无刺’刺梨仙人掌（*Opuntia ficus-indica* ‘Burbank Spineless’）是卢瑟·伯班克（Luther Burbank）作为牛饲料培育出来的。它向上生长到 1.8 米高。牛没喜欢上它，可能是因为它的苦味，也可能是由于它实际上不是完全无刺的。就一种仙人掌而言，它比较无害，与大多数仙人掌一样，就算是在干燥的美国西南地区它也能仅靠雨水存活。在旱生园里，它可用作其他多肉植物在形状和尺寸上不错的对比，在易发生山火的地区，它是家宅外极好的周界植物。

紫团扇（*Opuntia violacea*）是最可爱的仙人掌之一——甚至是最可爱的多肉植物之一。它耐寒（至 –18 ℃），是沙漠花园的理想植物，在那里它能够得到保持它不寻常的宽色一品红色一浅紫色色调所需的阳光和热量。黄色的花花期短，凋谢后留下凹形的基座——同所有仙人掌属植物一样——膨胀为卵形的果实。

Othonna capensis

黄花新月

成株尺寸 株高5.1~7.6厘米，摊开到30.5厘米

耐寒性 0 ℃

厚敦菊属（*Othonna*）的这一成员正越来越受欢迎，这部分归功于圣迭戈植物园最近（2010 年秋）去世的园艺师比尔 · 蒂格（Bill Teague）。2011 年，在由圣迭戈园艺协会会员创作、用以纪念蒂格的一件郡县集市展品上，黄花新月是显眼的主角。我随后发现自己有着和其他人相似的经历：蒂格顺道来访，带来几个看起来不大像插穗的插穗。“它是很好的地被植物，会不停地开花。”就在我暗自寻思这植物能否在我不够理想的（也就是说，非植物园级的）花园里存活下来时，他向我保证道。黄花新月——尽管有着“小泡菜”（little pickles）的英文俗名，它应该叫“比尔 · 蒂格植物”才对——很快就变成了我花园及他介绍过的其他花园里的主心骨。

和与之相像的千里光属多肉植物一样，黄花新月喜欢温暖、定期浇水、明亮的光照，以及夏季干燥环境下的休眠。在环境胁迫下，该植物的叶片会变为各种色调的黄色、浅紫色和红色。从夏季直到翌年春季的整段时间里，黄色、10 美分硬币大小、雏菊似的花朵开放在细长的茎的顶端。

Pachycereus marginatus

白云阁

成株尺寸 株高6.1米

耐寒性 -3.9 ℃

白云阁是摩天柱属（*Pachycereus*）的一员，原生于墨西哥中部和南部，在那里它们被沿直线种植，用以划定地产的边界。老一些的植株从基部分叉，最终形成“V”字形的丛生。如果你想让它长得快——快到每年长 0.9 米，那么就将土壤深层浸透，在土壤变干后再浸透，如此循环操作。叶刺虽然尖锐，但并不长，因此将白云阁种在路边不会有问题。在春季，拇指大小的奶油色花沿着棱开放。弹子大小的果实泛红色。一株植物看上去孤零零的，所以无论你是不是将它用作篱笆，都多种几株吧。

Pachypodium lamerei

非洲霸王树 ▶

成株尺寸 株高逐渐达到3.0米

耐寒性 -3.9 ℃

非洲霸王树是棒槌树属（*Pachypodium*）中最为常见的多肉植物，它有带刺的银色分枝，顶端的叶片呈鲜绿色，形状像长矛矛头。其俗名“马达加斯加棕榈”（Madagascar palm）是误命名，虽然来自马达加斯加，但它压根就不是棕榈。棒槌树在盆里生长良好。非洲霸王树的亚种无刺霸王树（*Pachypodium lamerei* ssp. *inermis*）不带刺，沿着主干长满绿色疣突，那是叶片曾附着的地方。棒槌树幼株可能要长上四五年才会开花。大而芬芳的碟状花朵开过后会出现像号角一样、颇具观赏性的荚果。它们大且为木质，种子附着在毛茸茸的“伞衣”上。棒槌树一旦开花，它们的主干就会分叉（分裂为树枝）。

在从仲秋直到翌年仲春的休眠期不要浇水。在夜晚温度超过 16 ℃时浇水要充足，然后开始减少。如果有可能，将其种在斜坡上，这样水分可从根部排走。在修剪或移植的时候，留意不要损伤或刺穿植株粗厚（“大象腿”）的部分。

Pedilanthus bracteatus (*Euphorbia bracteata*)

翠雀珊瑚

成株尺寸 株高1.2~2.4米，株幅0.9~1.2米

耐寒性 -3.9 ℃

翠雀珊瑚英文俗称“拖鞋花”（slipper plant）。直立、细长、圆柱形的茎使得红雀珊瑚属（*Pedilanthus*）多肉植物可用作大花盆和花畦里的垂直元素。这种原生于墨西哥下加利福尼亚州的植物无论是单种还是成片种都一样出效果。在初夏，淡红色的苞叶出现在枝条顶端附近。红雀珊瑚红色的花朵像是女士的拖鞋——“鞋”的希腊文是“Pedil”，“花”是“anthus”。给予全日照或薄阴，以及极少量的水，在加利福尼亚州南部，成株可单靠雨水存活。更为人知的怪龙（*Pedilanthus macrocarpus*）也有同样的英文俗名。它无叶，更矮一些（至1.2米），长得更慢，有更为凌乱的外形——它的茎秆因自身重量而弯曲。

Peperomia graveolens ‘Ruby’

‘红宝石’红椒草

成株尺寸 株高20.3厘米

耐寒性 4.4 ℃

‘红宝石’红椒草直到20世纪90年代都罕有栽培，不过从那时起，它明艳的叶子使其成为苗圃市场中的一员。关于如何养护它的信息几乎没有，但就像和其他植物打交道一样，了解它来自何方是有帮助的。这一珍宝原生于厄瓜多尔的丛林之中。它喜欢温暖、潮湿和明亮的光照，但不要全日照。将它作为盆栽多肉植物种植，它不是种在地上的植物，除非你生活在热带地区。花穗就像是长满了泛黄小白花的细长烟斗清洁通条，那些花是如此细小，几乎要在显微镜下才看得清。凑得够近的话，你可能会嗅到一种令人不快的气味，“*graveolens*”一词的意思即“难闻的”。

Portulacaria afra 'Variegata'

雅乐之舞

◀雅乐之舞。

▼在池边花坛中的雅乐之舞。

成株尺寸 蔓生的茎30.5~45.7厘米长

耐寒性 –2.2 ℃

雅乐之舞又名“斑叶马齿苋树”。马齿苋树和翡翠木有时会被弄混，因为它们看起来相似，但马齿苋树属（*Portulacaria*）的叶子要小一些，茎有韧性——事实上，要是没有剪子或刀的话，它的茎秆难以弄断（你如果试图偷偷摸摸掐个插穗，就会发现这一点，就像我曾经历的那样）。马齿苋树属坚韧、可塑性强，可以轻松应付激烈的修剪，是不错的盆景主题植物。马齿苋树（*Portulacaria afra*）这个物种会长成 1.8~2.4 米高、不好看的多茎秆灌丛。雅乐之舞是蔓生植物，有红色的茎秆，沿茎秆布满约 1.3 厘米长、带黄色条纹的卵形叶子。作为空隙填充植物、悬垂植物、堆积的地被植物或者天台植物，它都是上佳之选。你还可寻求匍匐马齿苋树（*Portulacaria afra* 'Minima'），它是茎秆柔韧的匍匐变种，有稍小的翠绿叶片和红色的茎，种在盆里和吊篮里棒极了。

Rhipsalis

丝苇属

成株尺寸 蔓生的茎长30.5~45.7厘米

耐寒性 -2.2 ℃

丝苇属（*Rhipsalis*）的成员是树附生仙人掌，来自南美洲，主要是巴西。植株有分枝、悬垂的茎，通常是圆柱形的，但也可能呈扁形或有角度；如果有刺，刺是纤细、毛发状的；花朵小而白。沿茎生长的果实与醋栗相似。它的名字来源于希腊语，“*rhips*”的意思是“枝编制品”。像种任何热带仙人掌那样种它（参见“仙人指属”，*Schlumbergera*）。全年保持在室温下，冬季减少浇水。它适于室内吊篮、垂直花园（有良好的通风）及花园弱光的区域。

Sansevieria

虎尾兰属▶

成株尺寸 按变种不同，株高0.3~0.9米

耐寒性 0 ℃

虎尾兰属（*Sansevieria*）是上佳的室内植物，因为它们耐受暗淡的光线，需要极少的水，喜欢的温度和人类一样。凭借竖直、逐渐收窄且坚硬的叶片，这些多肉植物可为盆栽组合及阴凉处的花畦带来迷人的线性形状和纵向趣味。虎尾兰简单的外形可为任何环境增添优雅感，不过它尤其适于当代风格的室内环境和建筑。虎尾兰对土壤不挑剔。使它们保持健康的关键就是：在暖和的月份定期浇水，凉爽的月份则完全不要浇。这种多肉植物通过地下的根状茎扩展，这些根状茎会把花盆撑至破裂的程度。如果根浓密地挤在一起，用弓形锯把它们分开。不要把虎尾兰放到宠物会嚼到它的地方，这种植物含有皂苷（saponin），对猫狗有毒。

◀'月光'虎尾兰(*Sansevieria trifasciata* 'Moonglow')。

▼圆叶虎尾兰(*Sansevieria cylindrica*)。

◀金边虎尾兰(*Sansevieria trifasciata* 'Laurentii')。

Schlumbergera and *Hatiora* hybrids

仙人指属与假昙花属杂交植物

成株尺寸 株高30.5厘米，株幅45.7厘米

耐寒性 3.3 ℃

假昙花属（*Hatiora*）的杂交品种，英文俗称“复活节仙人掌”（Easter catci），在四五月开花。复活节仙人掌常和仙人指属（*Schlumbergera*）的杂交植物搞混，这是因为它们的叶子（其实是扁平的茎）相似，后者因在 11 月或 12 月开花而得英文俗名“感恩节与圣诞节仙人掌”（蟹爪兰）。不过，春季开花的那种，它的花是星形的；冬季开花的是长形的，有凸出的雄蕊。

在日间 21~27 ℃、夜间 13~18 ℃的温度下养护这些巴西美人。种在花盆或吊篮里，给予明亮但不直接的光照，再加上清早或近傍晚时 1~2 小时的日照。浇水充足，但别让它涝了。在花期前三个月，当花蕾需要形成时，使植株保持比通常更干燥及凉爽一些（10~16 ℃），夜间置于完全的黑暗之中。

▲感恩节与圣诞节仙人掌。

▶复活节仙人掌。

景天属

景天属（*Sedum*）是一个大属，矮生的品种在岩石园生长良好，故而英文俗名为“石头上的庄稼”（stonecrops）。苗圃和园艺中心将观赏性景天成育苗盘地出售。将各式各样的景天组合起来，做成一个拼缀花园或者种在花槽里，可以把它填在垫脚石之间的空隙里，还可以作为盆景的陪衬植物。一般来说，景天的叶子越小、越细，就越耐寒，并且越不喜欢烈日。叶子可能会在它掉到的地方生根，你也可以用园艺铲挖起一丛用来移植。将其剪短以促使它长得丰满。茎秆通常从剪切端分叉，你可将剪下的顶端重植。在春天，景天开出一簇簇黄色、粉红色或白色的星形花朵。

多年生的灌丛景天——长药八宝（*Sedum spectabile*）、欧紫八宝（*Sedum telephium*）及它们的杂交品种——是耐旱的，相当耐寒（至 –34 ℃），可以在除沙漠气候外的任何气候下生长。这些植物可达到 30.5~61.0 厘米高，地面以上的部分冬天死亡，春天又从根部重生。它们的花期从夏季延续到秋季，可用作不错的切花，在干枯的时候给冬季花园增添韵味——尤其是有积雪时。

▼黄金丸叶万年草（*Sedum makinoi* ‘Ogon’）。

Sedum species, small

小型景天

成株尺寸 株高10.2~15.2厘米，株幅30.5~45.7厘米

耐寒性 按品种不同，-40~-12.2 ℃

小型景天对寒冷气候中的假山来说是理想的植物，在那里大多数其他多肉植物都无法再存活。它们在绿色屋顶（长满绿色植物、生态合理的屋顶花园）上越来越受欢迎。小型景天在垂直壁上花园中也表现良好，只要它们每天能得到数小时的日照；否则它们的茎会朝着光的方向伸长。保护小型景天免受29 ℃及以上高温的伤害，办法是让它们避开全日照。

'安吉丽娜'景天（*Sedum* 'Angelina'，耐受至-40 ℃的低温）的颜色从黄绿色到橙黄色不同，这取决于它受到多少光照。外形相似但色调不同的'蓝云杉'景天（*Sedum* 'Blue Spruce'，耐受低温至 -40 ℃）的蓝灰色叶子让人联想到松针。姬星美人（*Sedum anglicum*，耐受低温至-34.4 ℃）像是深绿色的米粒。原生于美国西部的白霜（*Sedum spathulifolium*），包括银灰色的'布兰科海角'景天（*Sedum spathulifolium* 'Cape Blanco'）和较少人知、紫色色调的紫叶白霜（*Sedum spathulifolium* 'Purpurium'），都形成10美分硬币大小的莲座组成的丛簇。'龙血'景天（*Sedum spurium* 'Dragon's Blood'，耐受低温至-40 ℃） 在全日照下的莲座是红色的，并带扇

贝形状的褶边。一堆黄金丸叶万年草（耐受低温至-18 ℃）像是黄油爆米花；它是弱光植物，可用于为阴凉处增色。凭借花椰菜一样的叶簇和勿忘我似的白花，大姬星美人（*Sedum dasyphyllum*，耐受低温至-12.2 ℃）是迷你花园必不可少的；圆扇八宝（*Sedum sieboldii*，耐受低温至-23 ℃）叶片蓝绿色，叶缘红色，秋天开栗色的花；产自阿富汗的粗茎景天（*Sedum pachyclados*，耐受低温至-34 ℃），有10美分硬币大小的蓝绿色莲座，顶端带齿。此外还有无数其他品种。

◀垂直花园中的‘蓝云杉’景天与‘安吉丽娜’景天及‘三色叶’景天。

▲‘布兰科海角’景天。

▼‘龙血’景天重复着红色莲花掌的形状和颜色。

◀◀姬星美人（*Sedum anglicum*）从赤陶花盆的右侧垂出。

Sedum species, warm-climate

温暖气候景天

成株尺寸 按品种不同，茎长15~90厘米

耐寒性 按物种不同，-2.2 ℃或更低

墨西哥是超过一百种景天属植物的故乡。最有名的可能是特别适合用于吊篮的新玉缀（*Sedum burrito*），因为它不断变长的茎布满了珠子般的叶子。它们带泛蓝的绿色，并长成紧凑簇生的螺旋，不像类似的玉珠帘（*Sedum morganianum*）的叶子那么容易脱落。新玉缀在苗圃很普及，但玉珠帘是手手相传的植物，罕有出售。其原因是新玉缀比玉珠帘更耐触碰，而没叶子的光秃茎秆会减弱植物的商业号召力。但玉珠帘——颜色浅绿色——的栽培史更长，因此在花园里和新玉缀同样常见，如果不是更多见。

铭月（*Sedum nussbaumerianum*）和黄丽（*Sedum adolphii*），有人认为它们是同一种东西——总之，二者容易被混淆，成株有近5.1厘米长的叶片。在半阴下植株是黄绿色的，全日照使得叶片变为一种泛玫瑰色的金黄色，与浅紫色、蓝色或绿色花盆、墙壁，以及其他植物形成美丽的对比。莲座在一至四月生发出球形的白色花簇。

因为虹之玉（*Sedum rubrotinctum* ‘Pork and Beans’，又名“耳坠草”）叶子的大小、形状和

◀薄化妆（*Sedum palmeri*）。

▲铭月。

▼虹之玉（*Sedum rubrotinctum* ‘Pork and Beans’）后面是小型的栽培品种，加上‘安吉丽娜’景天，以及因其高度而加入的白银珊瑚。

◀◀左，新玉缀；右，玉珠帘。

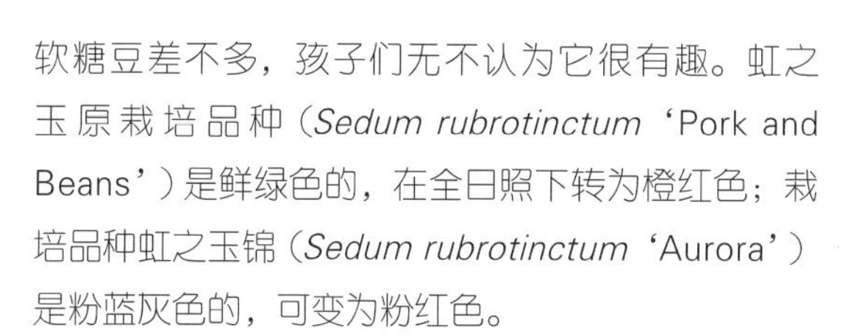

软糖豆差不多，孩子们无不认为它很有趣。虹之玉原栽培品种（*Sedum rubrotinctum* ‘Pork and Beans’）是鲜绿色的，在全日照下转为橙红色；栽培品种虹之玉锦（*Sedum rubrotinctum* ‘Aurora’）是粉蓝灰色的，可变为粉红色。

宝寿（*Sedum praealtum*）、金纳奇景天（*Sedum kimnachii*）、迷惑景天（*Sedum confusum*）、薄化妆（*Sedum palmeri*）——常与相似的宝珠（*Sedum dendroideum*）混淆——及松叶景天（*Sedum mexicanum*）有绿色的叶子，在低需水、温和气候的花园里表现抢眼。

Sempervivum

长生草属

成株尺寸 莲座直径10厘米，株幅30厘米或更阔，取决于其品种

耐寒性 按物种不同，−23.3 ℃（干燥环境下）

“*sempervivum*”一词意为“长生”，这无疑是对这种多肉植物耐受寒冷、日晒及干旱能力的一种认可。它哈利·波特式的英文俗名“房上韭葱”（houseleek）源自英国，在那里这种多肉植物偶尔会长在房顶上。多个带有尖锐顶端的紧凑叶球最终形成直径达数英尺的丛生。在草莓坛和其他花盆中，长生草会从盆的边缘“溢出”并紧靠盆的侧面。这个属由 40 来个种、超过 3 000 个栽培种组成。长生草原生于欧洲的山地，喜欢凉爽、干燥、排水完美的地点。将它种在岩石园的裂隙中，或是用它来在花园中创造充满质感和色彩的“地毯”。在夏天，让它保持干燥，因为此时它因过度浇水而腐烂的风险最大，并保护其不受超过 24 ℃的气温影响。在 4~7 区，大多数物种全年在户外生长。在更热一些的地区，最好把它种在露台花盆中，受半日照或放在明亮的阴凉处。玫瑰色的星形花朵在夏日绽放。莲座在开花后死亡，但新的莲座很快会取而代之。长生草的一个近亲是神须草属（*Jovibarba*），这个属是生长在阿尔卑斯山的多肉植物，能耐受 −29~−23 ℃的低温。它们看起来很像长生草，但繁殖方式不同。霍伊费尔神须草（*Jovibarba heuffelii*）的侧芽挤在主莲座里。这个小属其他成员的侧芽是“滚动者”，意味着它们在母株的顶上生长出来然后滚落下来。

▶ 卷绢（*Sempervivum arachnoideum*）及某种长生草杂交品种。

◀◀ 凌樱（*Sempervivum calcareum*）。

千里光属

千里光属（*Senecio*）是菊科下的一个大属，但多肉千里光却不多，其中广泛栽培的更是屈指可数。千里光因其叶片的形状和颜色而被种植，而非它的花朵。那些花朵干枯后会变成蒲公英似的丛毛，这使植株看着杂乱无章，因此我会把它们剪掉。

蓝粉笔（*Senecio mandraliscae*）表现优秀，它是一种用途广泛、唾手可得的多肉植物，设计师需要多少蓝色它就能提供多少，无论是在地面上还是在花盆里。这里列出的其他物种主要都是盆栽植物，种在吊篮里会很妙。一种灌木型千里光也值得一提，它通常被叫作活力千里光（*Senecio vitalis*，无对应中文名，按拉丁名翻译），但专家却为之慨叹，说应该是窄叶千里光窄叶亚种（*Senecio talinoides* ssp. *Talinoides*，拉丁名意思不详，按英文俗名翻译）或柱叶千里光（*Senecio cylindricus*，无对应中文名，按拉丁名翻译）。不管怎样，它都是极好的直立植物，有着细长、鲜绿色的叶子。

千里光是夏季休眠、冬季生长的植物，它的耐寒性因品种不同而不同，在气温降到 -4~-3 ℃时，我花园里的蓝粉笔毫无受损的迹象；在夏季，只在一天中较凉爽的时候浇水；过度浇水的话，受高温胁迫的千里光可能会烂掉。

▲蓝粉笔。

Senecio kleiniiformis

箭叶菊

成株尺寸 茎长至30厘米或更长

耐寒性 -6.7 ℃

箭叶菊叶片生发处较窄，在端部向外张成纤薄、带凹槽的鸢尾形，在茎秆周围形成星爆状。轻盈的外观及蔓生的习性使它成为吊篮的上佳之选。这一物种是可变的，在有些情形下，叶片可能会短一些、呈汤匙状。随时间推移植株会变得细长。将它剪短，以促进丰满度。

Senecio mandraliscae
(*Kleinia mandraliscae, Senecio talinoides* var. *mandraliscae*)

◀◀ 蓝粉笔

成株尺寸 株高15.2~20.3厘米

耐寒性 -6.7 ℃

不管种植条件如何，蓝粉笔始终保持天蓝色。它成堆栽种会很可爱，一旦定植，会提供用来送人或填充花园空隙的插穗源。用这种匍匐植物来重复龙舌兰的蓝色，以及与从赤陶花盆到花菱草的任何橙色的东西形成对比。它和以下植物搭配出色：红色叶子的芦荟、浅紫色的‘余晖’石莲花、‘火棒’大戟、雅乐之舞、叶片呈勃艮第酒红色的‘黑法师’莲花掌，非多肉植物类的伴生植物，如蔓性天竺葵（ivy geranium）、浅裂叶百脉根（英文俗名“鹦鹉嘴花”，parrot’s beak）、勋章菊（*Gazania*）。在夏末将其剪短。因为茎末端的老叶子脱落、新叶子长出来，蓝粉笔会变得过分瘦长难看，剪短以使其分叉。

外观相似但不那么常见的是蓝松（*Senecio serpens*），你能找到的话，它是小片花畦和盆栽的更佳选择。它的叶子不到蓝粉笔叶子的一半那么长。

Senecio radicans 'Fish Hooks'

弦月

▲弦月与紫珍珠。

成株尺寸 茎达数英尺长

耐寒性 0 ℃

弦月细长、柔韧、布满独木舟形蓝绿色叶子的茎形成一道瀑布。带支柱的花盆或吊篮是这种省事多肉植物的完美居所，除了最炎热的气候外，它都能耐受全日照。它是更为挑剔的翡翠珠在设计中的替代品。

Senecio rowleyanus

翡翠珠

成株尺寸 45.7厘米或更长

耐寒性 0 ℃

翡翠珠又名“佛珠”“绿之铃”。翡翠珠线状的茎上长着豌豆状的叶子，让人联想起滴落的水，尤其是当它们被种在干涸的喷水池或鸟盆（庭院中供鸟类饮水、戏水的盆形装饰物）中时。它也可为吊篮或室内编排增添质感和垂悬元素。这种植物喜欢斑驳的阴凉处，适宜温度为 10~27 ℃，因此，除了温和的海岸地区，在其他任何地方种植都可能会是一种挑战。

▶ 翡翠珠、‘夕映’莲花掌及景天。

◀◀ 翡翠珠和石莲花。

Trichocereus grandiflorus 'Red Star'
(*Echinopsis huascha*)

'红星'毛花柱

成株尺寸 株高76厘米

耐寒性 -9.4 ℃

这种柱状的仙人掌是毛花柱属(*Trichocereus*)的一员，绽放出暖色调的花朵为传粉者上演一场好戏。睡莲般的柔弱花朵有着半透明、像反射一样的光泽。在花期之外，它带圆点花样的棱是最吸引人的特征。要让展示更为引人注目的话，将它与开黄色、奶油色或橙色花的变种组合起来。它是地面仙人掌花园中必不可少的一员。

丝兰属

丝兰属（*Yucca*）植物的原生地从危地马拉向北到加拿大，是不挑剔的多肉植物，在被悉心照料时会长得繁茂丰盛。将其种到全日照、排水良好的土壤中，偶尔浇深浇透。频繁浇水会促成更快速的生长，少浇或不浇水使生长变慢。大多数物种可耐受0℃以下的温度。如果你想要丝兰树看起来更整齐，一年数次，将主干附近几英寸内干枯、下垂的叶子修剪掉。保护丝兰不受囊地鼠之害，它们不但会吃掉根，还会在主干上打通道。

一旦定植，丝兰可能难以移除。主干的基部扩张成为膨出的一大团，可以弄断灌溉管、挤压地基，并使挡土墙产生裂缝。那些坚硬、尖锐的叶片是凶险的，能有效地阻止掠食者和园丁靠近。丝兰虽然生长缓慢，但随着时间推移可以变得硕大无朋。了解丝兰的成株尺寸，明智地为它选址。不要将丝兰种植在路边或者孩子、宠物会碰到它的地方。

把丝兰种植在叶子可显出其轮廓的地方，比如说衬着蓝天、岩壁或一块巨石。在清早或近傍晚时分的阳光从背面照来时，叶片带黄绿色条纹的斑锦丝兰特别美丽。

除了千手丝兰（*Yucca aloifolia*）和鸟喙丝兰（*Yucca rostrata*）这两种我喜欢的、在此介绍的丝兰外，其他别具一格的丝兰物种还包括：香蕉丝兰（*Yucca baccata*），株高至0.9米，株幅1.5米，叶片边缘的纤维锋利；皂树丝兰（*Yucca elata*），株高渐至6米，生成的叶簇看起来像是顶在蓬乱主干上的绿色针垫； 线丝兰（*Yucca filamentosa*），株高株幅至1.5米，与窄叶的龙舌兰相似，但叶子更软一些；凤尾丝兰（*Yucca gloriosa*），株高至3米，外观与千手丝兰相像，但会形成多个树干；弯叶丝兰（*Yucca recurvifolia*），株高至3米，株幅2.4米，有单一主干及柔软、向下弯曲的叶子，它逐渐扩展形成丛生； 惠普尔丝兰（*Yucca whipplei*），直径至1.8米，是圆形的“针垫”，叶子边缘带齿，叶端锋利；莫哈维丝兰（*Yucca schidigera*），株高至3.6米，株幅至0.9米，是浓密、带匕首状叶片的树。

Yucca aloifolia

千手丝兰

成株尺寸 株高2.4米或更高

耐寒性 –17.7 ℃

千手丝兰主干修长，顶上生有剑一样的叶片。在春季和夏季，它开出一羽羽铃铛似的米色的花。它是为数不多可在沙地茁壮生长且不介意盐雾的多肉植物之一，在海滨花园里生长良好。

我家附近的一个花园种有千手丝兰，花园的主人允许我摘取插穗，因此我已将它们加入了自己的花园，把它们种植在我需要一道“屏风”或填上空缺的地方。它的枝干如此之轻，我单手就能举起一根直径 10.2 厘米、长 91.4 厘米的。我用带锯齿的刀子从现有的树上锯下一根枝条，然后把切割端埋起来。洞的深度只需能使插穗保持直立即可，不过如果插穗种得更深一些，根会形成得更快。不管怎样，瞧：速成树！

Yucca rostrata

鸟喙丝兰 ▶

成株尺寸 株高3.7米

耐寒性 –15 ℃

鸟喙丝兰（*Yucca rostrata*）初长时是球形的，之后形成主干，其上冠有修长叶片形成的闪亮“顶髻”。它在园景中多株一起种植时看着很可爱，种在盆里也颇吸引人。“鸟喙丝兰”（beaked yucca）这一俗名的起源不清楚，不过可能与它的花或果实有关。另一俗名“诺德斯特龙丝兰”（Nordstrom’s yucca），源于此植物被种在该百货公司外作为装饰。

◀ 千手丝兰和勋章菊。

照片及设计作者名录

照片

爱玛·阿尔波（Emma Alpaugh），169
戴维·克里斯季亚尼（David Cristiani），“栎树小组”（The Quercus Group），新墨西哥州阿尔伯克基市（Albuquerque，NM），49
玛利亚路易莎·卡普里耶利安（Marialuisa Kaprielian），“多肉植物都市”（Succulently Urban），圣迭戈市（San Diego）， 57 右图， 174 右图
马西·亨特·勒布龙（Marci Hunt Le Brun），116，118，120～123，126～127，130，132～134上图，135，141～142，144，146～148，150，152～154，162，164～165，168
克里斯汀·比斯比·普里斯特（Cristin Bisbee Priest），“简化蜜蜂”（ Simplified Bee），81
吉纳维芙·施密特（Genevieve Schmidt），21
凯特·司各脱（Cate Schotl ）和克里斯季·科利尔（ Kristi Collyer），“绿拇指车库”（Green Thumb Garage），加利福尼亚州尼古湖市（Laguna Niguel，CA），109 右下图
乔·斯特德（Joe Stead），22
基特·沃茨（Kit Wertz） 和凯西·施瓦茨（ Casey Schwartz ）， “花卉二重奏”（Flower Duet），洛杉矶（Los Angeles），209
戴维·温格（David Winger），41 右下图
其余照片均由德布拉·李·鲍德温（ Debra Lee Baldwin）拍摄

设计

“阿坎那设计” （Akana Design），圣迭戈市（San Diego），175 右图
爱玛·阿尔波（Emma Alpaugh），130 上图，133 上图，135
帕特里克·安德森花园（Patrick Anderson garden），加利福尼亚州福尔布鲁克（ Fallbrook，CA）， 87 右图， 184 左图， 254 左图
加里·巴特尔（Gary Bartl），加里·巴特尔所建花园（Gardens by Gary Bartl），加利福尼亚州圣拉斐尔市（San Rafael，CA），99 下图
悉尼· 鲍姆加特纳（Sydney Baumgartner） 为阿莉塞·范德沃特（ Alice Van de Water）设计， 加利福尼亚州圣巴巴拉市（Santa Barbara，CA），39 左上图
吉姆·毕晓普花园（Jim Bishop garden），圣迭戈市（San Diego），17 左上图， 180 右图， 224 左图， 232 右图
查伦·邦尼（Charlene Bonney），加利福尼亚州恩西尼塔斯市（Encinitas，CA）， 92 左上图
琳达·布雷斯勒（Linda Bresler）为伊丽莎白·马蒂斯和 波·马蒂斯（Elisabeth and Bo Matthys）设计，加利福尼亚州波威市（Poway，CA），2
玛丽·布伦博（Mary Brumbaugh），181 左图
迈克尔·巴克纳（Michael Buckner），“植物·人”苗圃（The Plant Man nursery），圣迭戈市（San Diego），35 左上图
迈克尔·巴克纳（Michael Buckner） 为蒂娜·巴克（Tina Back）设计，圣迭戈市（ San Diego），94右～95
迈克尔·巴克纳（Michael Buckner） 为安杰拉· 达米科（Angela D ' Amico）和戴尔·巴伯（Dale Barbour）设计，加利福尼亚州拉霍亚市（La Jolla，CA）， 42
迈克尔·巴克纳（Michael Buckner）为鲍勃·热内和朱迪·热内（Bob and Judy Gennet）设计，加利福尼亚州埃尔卡洪（El Cajon，CA），243 左下图
迈克尔·巴克纳（Michael Buckner）为克里斯·穆尔和罗伯特·穆尔（Chris and Robert Moore）设计，加利福尼亚州拉霍亚市（La Jolla，CA），195
迈克尔·巴克纳（Michael Buckner）为马丁·沃封汉德和辛西娅·沃封汉德（Martin and Cynthia Offenhauer）设计，圣迭戈市（ San Diego），38 右图
迈克尔·巴克纳（Michael Buckner）for Carolyn and Herb Schaer，加利福尼亚州兰乔圣菲（Rancho Santa Fe，CA），108 左上图，199，208 左图
迈克尔·巴克纳（Michael Buckner）为莉拉·余（Lila Yee）设计，圣迭戈市（ San Diego）， 86 右上图，172
布兰登·布拉德（Brandon Bullard），“沙漠剧场”（Desert Theater ），加利福尼亚州埃斯孔迪多（Escondido，CA），31 左下图，202 右图，224 右图
加利福尼亚州仙人掌中心（California Cactus Center），86 下图，94 左图，99 上图，109 右上图，222 右图
“时尚野草”（Chicweed），加利福尼亚州索拉纳比奇（Solana Beach，CA），25 上图，213 右图
“科尔多瓦花园”苗圃（Cordova Gardens nursery），加利福尼亚州恩西尼塔斯市（Encinitas，CA），78，197
彼得拉·克里斯特（Petra Crist），“稀有多肉植物苗圃”（Rare Succulents Nursery），加利福尼亚州雷恩博（Rainbow，CA），216
伊丽莎白·克劳奇花园（Elisabeth Crouch garden），加利福尼亚州埃斯孔迪多（Escondido，CA），66 左图，180 左图
戴维斯·达尔博克（Davis Dalbok），“绿色生活”（Living Green），旧金山（San Francisco），81
“挖掘苗圃”（ DIG Nursery），加利福尼亚州圣克鲁斯（Santa Cruz，CA），110 右图
凯西·多兰（Kathy Doran），92 右下图
琳达·埃斯特林 （Linda Estrin），116，124，127～129
劳拉·尤班克斯（Laura Eubanks），107 左图，150，153～155
“精美兰花与多肉植物”（Exquisite Orchids and Succulents），加利福尼亚州托兰斯（Torrance，CA），44 上图
萝宾·福尔曼（Robyn Foreman），93 上图，118，121～123，162，165，167~169，247 右下图
“沃土苗圃”（Good Earth Nursery），加利福尼亚州邦索尔（Bonsall，CA），188 左图
拉里·格拉默（Larry Grammer），113 左下图
邦妮·阿曼（Bonnie Haman），211 右图
帕特·哈默（Pat Hammer），为圣迭戈植物园（ San Diego Botanic Garden）所做植物造型，107 右图
乔恩·霍利（Jon Hawley），“时尚野草”（Chicweed），138，142～143
亨廷顿植物园（Huntington Botanical Gardens），加利福尼亚州圣马力诺（San Marino，CA），220 右图
彼得·琼斯与玛格丽特·琼斯花园（Peter and Margaret Jones garden），加

索引

 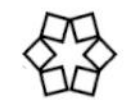

G

H

J

K

L

M

N

Y

Z

多肉植物拉丁名称、中文名称对照表

A

Aeonium 'Kiwi' (*Aeonium decorum* 'Kiwi') '夕映' 莲花掌
Aeonium 'Sunburst' '灿烂' 莲花掌
Aeonium arboreum 'Zwartkop' '黑法师' 莲花掌
Aeonium canariense 香炉盘
Aeonium haworthii 红缘莲花掌
Aeonium nobile 镜狮子
Agave 'Blue Flame' '蓝焰' 龙舌兰
Agave 'Cream Spike' 王妃吉祥天锦
Agave americana 龙舌兰
Agave americana 'Marginata' 金边龙舌兰
Agave americana 'Mediopicta Alba' 银心龙舌兰
Agave attenuata 狐尾龙舌兰
Agave attenuata 'Kara' s Stripes' '卡拉条纹' 狐尾龙舌兰
Agave bracteosa 具苞片龙舌兰
Agave bracteosa 'Monterrey Frost' '蒙特雷之霜' 具苞片龙舌兰
Agave desmettiana 礼美龙舌兰
Agave desmettiana 'Variegata' 金边礼美龙舌兰
Agave filifera 乱雪龙舌兰
Agave franzosinii 弗兰佐西尼龙舌兰
Agave geminiflora 双花龙舌兰
Agave lophantha 'Quadricolor' 四色大美龙
Agave parryi 巴利龙舌兰
Agave parryi var. *huachucensis* 吉祥天
Agave parryi var. *truncata* 虚空藏
Agave pelona 长刺龙舌兰
Agave potatorum 雷神龙舌兰
Agave potatorum 'Kissho Kan' (*Agave* 'Kichi-Jokan') 吉祥冠
Agave shawii 萧氏龙舌兰
Agave tequilana 特基拉龙舌兰
Agave utahensis 青瓷炉
Agave utahensis 'Eborispina' '曲刺妖炎' 青瓷炉
Agave victoriae-reginae 笹之雪
Agave vilmoriniana 章鱼龙舌兰
Agave 'Blue Glow' '蓝光' 龙舌兰
Alluaudia procera 亚龙木
Aloe 'Blizzard' '暴风雪' 芦荟
Aloe 'Blue Elf' '蓝精灵' 芦荟
Aloe 'Diego' '迭戈' 芦荟
Aloe 'Doran Black' '多兰布莱克' 芦荟
Aloe 'Fang' '獠牙' 芦荟
Aloe 'Lizard Lips' '蜥蜴唇' 芦荟
Aloe 'Pink Blush' '腮红' 芦荟
Aloe arborescens 木立芦荟
Aloe bainesii 大树芦荟
Aloe brevifolia 短叶芦荟
Aloe cameronii 卡梅伦芦荟
Aloe ciliaris 'Firewall' '防火墙' 细茎芦荟
Aloe dichotoma 二歧芦荟
Aloe distans 远距芦荟
Aloe dorotheae 日落芦荟
Aloe ferox 好望角芦荟
Aloe harlana 哈兰芦荟
Aloe hemmingii 亨氏芦荟
Aloe 'Hercules' '大力神' 树芦荟
Aloe humilis 木锉芦荟
Aloe marlothii 鬼切芦荟
Aloe nobilis 不夜城
Aloe nobilis 'Variegata' 不夜城锦
Aloe plicatilis 折扇芦荟
Aloe polyphylla 螺旋芦荟
Aloe speciosa 艳丽芦荟
Aloe striata 珊瑚芦荟
Aloe vanbalenii 范巴伦芦荟
Aloe variegata 翠花掌
Aloe vera 翠叶芦荟
Aporocactus flagelliformis (*Disocactus flagelliformis*) 鼠尾掌
Aptenia cordifolia 心叶冰花
Aptenia cordifolia 'Variegata' 心叶冰花锦
Argyroderma patens 晃绿玉
Astrophytum asterias 兜丸
Astrophytum asterias 'Super Kabuto' 超兜
Astrophytum myriostigma 鸾凤玉

B

Beaucarnea recurvata 酒瓶兰
Beaucarnea stricta 剑叶酒瓶兰

C

Carnegiea gigantea 巨人柱
Carpobrotus edulis 莫邪菊
Cereus peruvianus 'Monstrosus' 山影拳
Cereus repandus 秘鲁天轮柱
Ceropegia woodii 吊金钱
Cleistocactus strausii 吹雪柱
Cotyledon orbiculata 轮回
Cotyledon tomentosa 熊童子
Crassula arborescens 景天树
Crassula capitella 'Campfire' '火祭' 头状青锁龙
Crassula caput-minima 小顶塔

Sedum spathulifolium 白霜
Sedum spathulifolium 'Cape Blanco' '布兰科海角'景天
Sedum spathulifolium 'Purpurium' 紫叶白霜
Sedum spectabile 长药八宝
Sedum telephium 欧紫八宝
Sedum 'Blue Spruce' '蓝云杉'景天
Sedum spurium 'Dragon's Blood' '龙血'景天
Sempervivum 'Devil's Food' '魔宴'长生草
Sempervivum 'Ohioan' '俄亥俄人'长生草
Sempervivum arachnoideum 卷绢
Sempervivum calcareum 凌樱
Sempervivum montanum 夕山樱
Senecio cylindricus 柱叶千里光
Senecio haworthii 银月
Senecio jacobsenii 悬垂千里光
Senecio kleiniiformis 箭叶菊
Senecio mandraliscae (*Kleinia mandraliscae*/*Senecio talinoides* var. *mandraliscae*) 蓝粉笔
Senecio radicans 'Fish Hooks' 弦月
Senecio rowleyanus 翡翠珠
Senecio serpens 蓝松
Senecio talinoides ssp. *Talinoides* 窄叶千里光窄叶亚种
Senecio vitalis 活力千里光
Stenocactus multicostatus 多棱玉
Stenocereus thurberi 风琴管仙人掌

T

Trichocereus grandiflorus 'Red Star' (*Echinopsis huascha*) '红星'毛花柱

Y

Yucca aloifolia 千手丝兰
Yucca baccata 香蕉丝兰
Yucca elata 皂树丝兰
Yucca filamentosa 线丝兰
Yucca gloriosa 凤尾丝兰
Yucca recurvifolia 弯叶丝兰
Yucca rostrata 鸟喙丝兰
Yucca schidigera 莫哈维丝兰
Yucca whipplei 惠普尔丝兰

美国植物耐寒性数据

http://planthardiness.ars.usda.gov/PHZMWeb/

加拿大植物耐寒性数据

http://www.planthardiness.gc.ca/